スタンダード
文科系の統計学

岩崎 学・西郷 浩・田栗 正章・中西 寛子 共編
中西 寛子・竹内 光悦・中山 厚穂 共著

培風館

シリーズ編者（五十音順）

岩崎　学　（順天堂大学教授）

西郷　浩　（早稲田大学教授）

田栗正章　（千葉大学名誉教授）

中西寛子　（統計数理研究所特任教授）

本書の無断複写は，著作権法上での例外を除き，禁じられています。
本書を複写される場合は，その都度当社の許諾を得てください。

刊行にあたって

　現在の高度情報化社会を維持し，さらに発展させるためには，大学教育の果たす役割はきわめて大きい．大学で何を学ぶかの選択，そして学んだ内容を学生が身につけたことの客観的な評価が，これまでにも増して重要な鍵となる．いわゆる大学教育の質保証である．そのため，各教育分野において，大学の教育課程編成上の参照基準策定の動きが加速している．

　統計学分野でも，応用統計学会，日本計算機統計学会，日本計量生物学会，日本行動計量学会，日本統計学会，日本分類学会の 6 学会からなる統計関連学会連合の理事会および統計教育推進委員会の協力により，他分野に先駆ける形で，2010 年 8 月に「統計学分野の教育課程編成上の参照基準」が公表された (参照基準第 1 版)．統計学は，学問分野横断的に共通する内容を含むと同時に，各学問分野独自の考え方あるいは手法を有している．そのため参照基準第 1 版では，大学基礎課程に加え，経済学，工学など 8 分野に分けて参照基準が策定された．その後，データを取り巻く環境の急激な発展とそれにともなう統計学への大いなる期待に応えるため，日本学術会議，統計関連学会連合，および統計教育大学間連携ネットワークの協力のもと，参照基準の第 2 版が 2016 年 5 月に公表された．この第 2 版では，統計学の教育に関する原理原則を詳細に記述するとともに，個別の 12 分野を設け，分野ごとに参照基準が作成されている．

　しかし，参照基準をつくるだけでは，絵に描いた餅である．それを実際の大学教育において実現しなければならない．本シリーズは，参照基準第 2 版に準拠する形で，各分野における統計学の標準的なテキストとして刊行するものである．執筆陣も，各分野における統計教育の経験が豊富な教育者であると同時に，優れた研究者でもある人たちである．本シリーズが，大学での統計学の学習の標準的なテキストとなるのみならず，統計学に興味をもち，あるいは実際のデータ解析に携わるうえで，統計学をより深く学習しようとするすべての人たちに有益なものとなることを願っている．

　2017 年 3 月

編 者 記 す

まえがき

　統計学は，データに基づく実証研究を科学的に行うための学問体系である．統計学の特徴は，自然科学，人文科学，社会科学をはじめとするあらゆる学問領域において重要な役割を演じていることである．また，近年の統計学に対する期待は大きく，統計学の知識を重視する動きがある．特に，統計教育大学間連携ネットワークでは，参照基準に基づく多分野のカリキュラムを提案・公開し高い評価を得た．このなかには，人文科学，政治学，社会学，経済学，経営学といった文科系の分野に対して，各学問の特徴を活かしたカリキュラムが提案されている．

　本書は，文科系の分野に所属する学生を念頭において統計基礎の内容を執筆した．特に，上記の文科系カリキュラムに共通する統計教育に対応させ目次を構成した．大学の授業で利用できるように配慮したが，統計学に興味のある者，特に入門者の参考となる内容になっている．

　本書の内容は2部構成であり，第Ⅰ部は「統計学の概要と記述統計」，第Ⅱ部は「確率の概念と推測統計」とし，約15回の授業で終了できるようにした．また，理解したい内容から読みはじめてもよいようになっている．

　第Ⅰ部は，他のテキストにない「統計学の意義」についてていねいに説明し，「統計学の歴史」についても記述するとともに，国内外の歴史上の人物を取り上げ統計学の考え方にふれることができるよう工夫した．さらに，「調査と実験のデザイン」についてもふれ，統計手法を理解するまえに必要となる研究デザインについて説明した．後半は記述統計であるが，しばしば散見される間違いなどの話題を提示し，より統計学に関心がもたれるようにしている．

　第Ⅱ部は，いわゆる確率の概念の説明と推測統計を扱っている．文科系学生でも理解できるよう重要事項を繰り返し説明し，また，数式の理解が壁にならないよう具体的な例や図を用いるなど配慮した．推定や検定の例についても，単なる計算問題にならないよう工夫し，問題のイメージが湧くようにした．

　各章末には発展的な話題および章末問題を準備し，さらに興味ある問題に接することができるようにした．

まえがき

本書によって，多くの読者が統計学の知識を得，統計学のおもしろさにふれることができるならば幸いである．また，本書執筆においてご協力いただいた多くの方々に感謝の意を表する．

2018 年 3 月

中西寛子・竹内光悦・中山厚穂

目　　次

Part I　統計学の概要と記述統計

1. 統計学の意義 *3*
   1.1　統計リテラシー　　　4
   1.2　統計学の歴史　　　8
   1.3　問題の発見と解決　　　11
   1.4　種々のデータ　　　13

2. 調査と実験のデザイン *18*
   2.1　研究の種類　　　18
   2.2　実 験 研 究　　　20
   2.3　調査・観察研究　　　23
   2.4　標本調査とバイアス　　　25

3. データの記述 (1 変数) *31*
   3.1　質的データの集計とグラフ表現　　　32
   3.2　量的データの集計とグラフ表現　　　33
   3.3　基本統計量　　　39
   3.4　標準化と標準化得点　　　50
   3.5　時系列データのグラフ表現　　　52
   3.6　発展的な話題　　　53

4. データの記述 (2 変数) *59*
   4.1　質的データの集計　　　59
   4.2　量的データの集計とグラフ表現　　　61
   4.3　層別を利用したグラフ表現　　　63
   4.4　相 関 係 数　　　65
   4.5　回 帰 分 析　　　72
   4.6　発展的な話題　　　79

目　次　　　　　　　　　　　　　　　　　　　　　　　　　　　v

Part II　確率の概念と推測統計

5. 確率と確率分布 *87*
5.1　確　　率　　87
5.2　確率分布の概念　　96
5.3　二項分布と正規分布　　101
5.4　主な離散型確率分布　　107
5.5　主な連続型確率分布　　110
5.6　発展的な話題　　113

6. 母集団と標本 *116*
6.1　母数と統計量　　116
6.2　代表的な標本分布　　119
6.3　発展的な話題　　123

7. 統計的推測 (推定) *129*
7.1　点　推　定　　129
7.2　区　間　推　定　　134
7.3　1 標本問題　　134
7.4　2 標本問題　　142
7.5　発展的な話題　　148

8. 統計的推測 (検定) *151*
8.1　仮説検定の考え方　　151
8.2　1 標本問題　　159
8.3　2 標本問題　　166
8.4　種々の検定　　170
8.5　発展的な話題　　176

参　考　文　献 *180*

演習問題の解答 *181*

付　　　表 *189*

索　　　引 *193*

ギリシア文字表

大文字	小文字	英語名	読み
A	α	alpha	アルファ
B	β	beta	ベータ
Γ	γ	gamma	ガンマ
Δ	δ	delta	デルタ
E	ε, ϵ	epsilon	イ (エ) プシロン
Z	ζ	zeta	ゼータ (ツェータ)
H	η	eta	イータ
Θ	θ, ϑ	theta	シータ
I	ι	iota	イオタ
K	κ	kappa	カッパ
Λ	λ	lambda	ラムダ
M	μ	mu	ミュー
N	ν	nu	ニュー
Ξ	ξ	xi	グザイ (クシー)
O	o	omicron	オミクロン
Π	π, ϖ	pi	パイ
P	ρ, ϱ	rho	ロー
Σ	σ, ς	sigma	シグマ
T	τ	tau	タウ
Υ	υ	upsilon	ウプシロン
Φ	ϕ, φ	phi	ファイ
X	χ	chi	カイ
Ψ	ϕ, ψ	psi	プサイ
Ω	ω	omega	オメガ

Part I

統計学の概要と記述統計

1章

統計学の意義

　「統計」または「統計学」という言葉は，英語で"statistics"と表す．言葉の起原はラテン語で「国家・状態」を意味する"status"であり，国勢を検証する学問を意味する．日本で"statistics"を「統計」と訳し使われるようになったのは明治初期である[1]．

　国家の状態を「統べて (すべて) 計る」ことが目的であった「統計」が，学問の「統計学」となった．いまや，統計学は学問領域をこえ利活用されている．その理由として，さまざまな現象をデータに基づき研究することの意義を認める歴史があり，また，統計学の手法が「科学的検証」として支持されるからである．1.2 節「統計学の歴史」で詳しく述べるが，1693 年，収集されていた死亡年齢のデータ用いることによって，ハレーは死亡現象に何らかの規則があることに気づく．このことが統計の起源といわれ，以降，人口統計学や保険に関する統計学が発展する．また，ナイチンゲールがクリミア戦争の兵士の死因データを可視化することによって，当時の政府に病院の改革を訴えた．このことは忘れてはならないデータの可視化の事例である．フィッシャーが推測統計の基盤を作り上げたことは，仮説の正しさを統計的に判断できるようにした重要な歴史であり，統計学の発展が「科学的検証」を可能としたのである．

　現在，これまでにないほど多様で大量のデータが得られるようになった．また，かつては解が求められなかった分析や複雑な可視化についてもコンピュータ技術による成果がみられる．一方で，情報の渦の中から有用な情報を取り出し，正しく分析することが今まで以上に必要となってきている．調査や研究の企画，データ収集，データ分析，可視化等を用いた発表，という統計的考察の流れを重視することも再確認され，あらためて統計学の役割は重要となった．

　本章は，統計学の全容を知るための章と位置づけ，基本的な統計学の考え方を説明する．統計用語や統計手法に関する詳しい内容は第 2 章以降で扱う．

---

1)　"statistics"の訳について「統計論争」とよばれる論争があった (1.2.2 項参照)．この論争後，「統計」という用語が使われることになった．

1.1 統計リテラシー

統計のリテラシーとして知るべきことは何か？ については，さまざまな意見があるであろう．本節では，統計利用上の基礎，調査の種類，および統計学の2つの体系を取り上げる．

1.1.1 統計利用上の基礎

発表された統計に関する情報を読み解くうえで，いくつか気をつけるべきことがある．ここでは，「偶然の一致」「統計のウソ」「第3の変数」と「見かけ上の相関」について述べる．

ある2人がいくつかの商品について好き嫌いをいったとき，一致している商品が多いことからこの2人の好みが同じであるとしてよいか？ という問題について考える．1人が，または両者が適当に好き嫌いをいったとしても，いくつかは一致する．これが「偶然の一致」である．偶然の一致がどの程度であるかを確率を用いて計算し，その影響を除いて考察する必要がある．たとえば，2つの商品があり，少なくとも1つの商品について好き嫌いが偶然に一致する確率は3/4である．また，完全に一致する確率は1/4である．他の例では，初めて会った人と誕生月が同じであることで驚くことがある．3人が集い，そのうち2人以上の誕生月が同じである確率は約17/72である．つまり，おおよそ4回に1回はこのようなことは起こる．

「統計のウソ」といわれるものがある．これは，統計または統計学を誤って利用したために起こる現象である．実際にウソをついているのではなく，多くは問題解決するための手順のどこかでミスを犯したものであり，故意であるとは限らない．手順のミスを避けるには，1.3節で述べる問題解決の枠組みや第2章で述べる研究デザイン，抽出方法，バイアス(偏り)が整理されていればほぼ問題ないと思われる．それでも，統計を正しく理解していないがために，発表内容が歪められ，誤った情報が発信されることがある．情報の是非を判断するには統計リテラシーが重要で，統計に関する読み手の能力が必要である．

統計グラフ(棒グラフ，円グラフなど)の誤用による「統計のウソ」は有名であり，いくつかの例は知っておいたほうがよい[2]．統計学を用いた科学的推論，特に「因果の検証」は最も注意しなければならない．たとえば，"○○の中で，××の病気になった人は 70 %を超えているので○○はいけない"といった主張

---

2) 文献 [1] が参考になる．

1.1 統計リテラシー 5

は多くみられるが，本当に因果が証明されているか否かについては検証することが必要で，根拠となる研究報告を詳細に吟味することを勧める．

さらに統計リテラシーとして知っておくほうがよいことに「第3の変数」の存在がある．たとえば，地球の温暖化は年々進んでいる．また，日本の高齢化も進んでいる．本来，これらの間には何の関係もないが，相関係数 (第4章) を計算すると関係があるという数値が得られる．これは「時間」という第3の変数による「見かけ上の相関 (擬相関)」が生じた例である．本例はだれもが疑問に思う結果であるので第3の変数の介入を疑うが，時には見かけ上の相関に気づかないこともある．さらに，見かけ上の相関と異なる第3の変数がある．たとえば，男性のほうが女性より交通事故を多く起こすという結果について再確認すると，男性のほうが女性より運転する機会が多く，そのため，交通事故が多いのかもしれない．これは「運転の機会」という第3の変数を考えてはじめて因果の有無がわかる例である．

1.1.2 調査の種類

1) 全数調査と標本調査　研究の対象となる個体や個人，または，興味ある特性 (身長，所得など) の全集合を**母集団**という．このとき，母集団の定義が明確であることが重要で，若い人，田舎に住む人，といった解釈によって母集団が異なることはできるだけ避けなくてはならない．どうしても，定義が明確でないときや仮想的であるとき，導出された結果は注意をもって考察する必要がある．個体や個人から実際に得られた値のことを**観測値**という．

母集団全体を調査するとき**全数調査**という．母集団の規模が大きく全数調査が不可能な場合，標本とよぶ母集団の一部の集合を調査する．これを**標本調査 (サンプル調査)**という．母集団を構成している個体数が N 個である場合，サイズ N (大きさ N) の母集団という．同様に，標本を構成している個体数が n 個である場合，サイズ n (大きさ n) の標本という．標本調査の基本は，標本が母集団の縮図となるように対象を抽出することである．標本調査には実態調査や意識調査に限らず，商品の品質を調べるような品質管理検査，さらには臨床試験のような研究の調査も含む．ここでは，主として表 1.1.1 を参照しながら，各種調査について話を進める．

調査する側の理想は全数調査である．しかし，時間と費用が必要であり，対象者が多い場合，全数調査を行うことはほぼ不可能である．品質管理検査で全商品の検査ができれば不良品 (不適合品) を世の中にだすことはほとんどないが，

表 1.1.1　調査の種類と例

調査の種類	調査の例
全数調査 (母集団全体を調査)	・国勢調査 (総務省) ・学校基本調査 (文部科学省) などの基幹統計調査 ・国立大学の学長全員に対する意識調査 ・利用者全員に対する市場調査
標本調査 (母集団の一部を調査)	・家計調査 (総務省) などの基幹統計調査 ・新聞社などの世論調査 ・ダイレクトメール等による市場調査 ・品質管理での抜き取り調査

「検査」＝「破壊や消耗」につながることもあり，一部を抜き取って検査する．このような背景から，全数調査に比べ標本調査のほうが多く行われる．

　人と世帯について行う調査のなかで，最も大規模な全数調査は**国勢調査** (総務省) である．日本では，大正 9 年にはじまり，原則，5 年ごとに日本に常住している者全員を対象に調査してきた．国勢調査は**統計法**で定められた**基幹統計調査**のなかで最も重要なものである．消費者物価指数の基礎資料となる**家計調査** (総務省) も基幹統計調査であるが，家計調査は標本調査である．

　全数調査は母集団のサイズを問わない．母集団をある小学校の 6 年 4 組の児童と定義すれば 30 人あまりが対象となり，全員が質問に回答すれば全数調査になる．調査対象者が数千人を越えると全員に調査することは無理である．このような場合は，何人かを選んで標本調査を行う．先に述べたように，標本調査の基本は，標本が母集団の縮図となるように対象を抽出することであり，可能であれば後述する**単純無作為抽出**を行うが，可能でない場合はいくつか抽出方法 (2.4.1 項) を考える．

　2) 社会調査の種類　　個人を対象とした調査の多くは**社会調査**とよぶ調査の範疇にある．社会調査は大きく「調査対象者の事実に関する調査」と「調査対象者の意識に関する調査」とに分けられるが，相互に関係することもあり，完全に分けることはできない．

　国の行政機関が行う**統計調査**[3] は，統計法に基づく「調査対象者の事実に関する調査」のみであって，意見・意識など，事実に該当しない項目を調査する世論調査などは含まれない．学校に関する基本的事項を調査する**学校基本調査** (文部科学省)，先に述べた家計調査 (総務省) などが国の統計調査である．

---

　3)　国の行政機関が行う統計調査は，「基幹統計」を作成するために行われる「基幹統計調査」と，それ以外の「一般統計調査」とに分けられる．

1.1 統計リテラシー　　　　　　　　　　　　　　　　　　　　　　　　　　　7

「調査対象者の意識に関する調査」には，**世論調査**，**市場調査**，**アンケート調査**などがある．最も目にするのは，新聞社による国民の意識を調査する世論調査である．世論調査に基づく内閣支持率などが示され政治を左右することもある．

世論調査が社会全体の様相を知ることを目的とするのに対し，市場調査は企業の商品開発やサービス向上に関して消費者の意識を知ることを目的とする．また，世論調査が今後の社会政策に利用しようとするのに対し，市場調査は主に調査を依頼した企業の発展のために利用する．

アンケート調査はさまざまな場面で遭遇する．学校では授業評価，職場では仕事満足度などの調査が行われる．飲食店で食事をしたあとや，ホテルを利用したときにも利用者の満足度を聞くためのアンケート用紙が渡される．世論調査に匹敵するような調査もあるが，多くは容易に利用される簡便な調査である[4]．

1.1.3 統計学の 2 つの体系

統計学の役割は大きく 2 つに分けられる．一つは**記述統計**とよび，もう一つは**推測統計**とよばれる．

記述統計は，得られたデータの特徴を記述することである．複数の者から得られた身長，体重，成績の平均はデータの代表的な値を示す．また，最も大きな値から最も小さな値を引いた値 (範囲という) はデータの散らばりの程度を示す．データの特徴を要約する値は多くあり，比較検討することが重要である．データの特徴を表し，統計的意味をもつ値を**基本統計量**，**記述統計量**，**要約統計量**などという．平均は最もよく知られた基本統計量 (3.3 節) である．

推測統計は，主として母集団を形づける分布の**母数** (母集団の平均や分散などのことで第 6 章で説明する) や母集団の傾向を標本から推測することで，推定 (第 7 章) と検定 (第 8 章) がある．母数の例として最も利用される**母平均** (母集団の平均) について説明すると，母平均は**真値**であり唯一のものである．一方，単純無作為抽出によって標本が得られたとき，標本から計算される**標本平均**[5]は真値ではなく，真値の近くの値ではあるが誤差がある．もし，標本を何度も得ることができるならば，標本平均はある確率分布をもつ．このように，推測

---

4)　世論調査の定義は明確ではないが，ここでは母集団からの標本抽出が明確であるものをさし，そうでないものをアンケート調査とした．『全国世論調査の現況 平成 28 年版』(内閣府) などを参考にされたい．

5)　一般に，母集団の母数について記述する場合は「母」を，標本について記述する場合は「標本」を頭につけて区別する．第 6 章に多くでてくる．

統計を理解するには確率分布を利用するため，確率分布の内容を知る必要がある (第 5 章と第 6 章).

記述統計や推測統計の知識を十分に役立たせるためには，データを得るときの**研究デザイン**が重要で，研究デザインが正しくなければデータより得られた知見はまったく意味をなさない．そのため，目的に応じた研究デザイン (第 2 章) を提示することも統計学の役割である．

1.2 統計学の歴史

統計学の起源は？という問いにはさまざまな答えがある．それは統計のどのような側面について考えるかによって異なるからである．ここでは，人口統計調査の利用という視点から，海外における統計発展史と日本における統計発展史に焦点をあてることにする[6]．

ハレー[*]

1.2.1 海外における統計発展史

ハレーすい星で有名なイギリスの天文学者ハレー (Edmond Halley, 1656–1742) は 1693 年の著書[7]のなかで，ブレスラウ[8]の詳細な住民死亡記録に基づいて死亡年齢の統計的解析を行い，生命表を作成した．生命表の作成により保険料の算出ができるようになったことは保険数理学の発展をもたらし，また，今日の人口統計学にも大きな功績を残した．

数学者であり天文学者でもあったケトレー

ケトレー[*]

(Adolphe Quetelet, 1796–1874) は，「平均人」という仮想人の考えを 1835 年の著書[9]で示す．ケトレーは人口に関するさまざまなデータ (身体を測定し

---

[6] 統計学の歴史については文献 [2], [3] に詳しく記されている．興味ある読者はこれらを参照されることを勧める．
[7] Edmond Halley (1693) "An Estimate of the Degrees of the Mortality of Mankind"
[8] 当時ドイツ，現ポーランドの西部にある都市．
[9] Adolphe Quetelet (1835)『人間とその能力の発展について——社会物理学の試み』("Sur l'homme et le développement de se facultés, ou Essai de physique sociale").

1.2 統計学の歴史

た計測統計，生死や婚姻などの人口統計，窃盗などの犯罪統計，等々）を集め現実社会を考察した．集団の多様な値は正規分布 (5.3 節) の形状をするという考え方のもと，その真ん中の値を示す抽象的な人間が「平均人」であるとした．この正規分布は，すでに天文学の分野では計測誤差の評価として利用されていた．正規分布を誤差分布として提唱したのがガウス (Carolus Fridericus Gauss, 1777–1855) であり，正規分布はガウス分布ともよばれる．

ガウス*)

統計学の歴史のなかで忘れてはならない人物が看護師として有名なナイチンゲール (Florence Nightingale, 1820–1910) である．彼女はケトレーの仕事に感銘を受け，統計学に強く興味をもつ．クリミア戦争時に兵士の死因のデータを整理し，それを独自に考えたグラフにして，兵士の死因は戦場での負傷によるものではなく，病院の不衛生による感染症であることを示す．当時の政府にそのことを訴えた後，衛生状態がよくなり，死亡率を下げることができた．

ナイチンゲールは統計学に対し非常に情熱的であったため，統計学の講座の設立を遠縁である統計学者のゴルトン (Francis Galton, 1822–1911) に提案する (ゴルトンのいとこ Sir Douglas Galton (1822–99) がナイチンゲールのいとこの夫である)．ゴルトンは進化論で知られるダーウィン (Charles Robert Darwin, 1809–82) のいとこでもある．ゴルトンは相関係数や回帰直線について初のアイデアを示し，「平均への回帰」という現象をみつける

ナイチンゲール*)

(第 4 章)．ナイチンゲールは 1859 年に女性として初めて英国の王立統計協会の女性会員に選ばれ，1874 年に米国統計学会の名誉会員にもなっている．ナイチンゲールの死後ではあるが，ゴルトンはロンドン大学に統計講座を設立し，最初の教授として友人の統計学者ピアソン (Karl Pearson, 1857–1936) を迎える．ピアソンの次の教授がフィッシャー (Ronald Aylmer Fisher, 1890–1962) であり，このころが近代統計学の起源といわれ，推測統計の基盤ができ上がる．

---

*) 写真出典　Wikimedia Commons より (ハレー：By Mahlum [Public domain]; ケトレー：By Joseph-Arnold Demannez [Public domain]; ガウス：By Siegfried Detlev Bendixen (published in "Astronomische Nachrichten" 1828) [Public domain]; ナイチンゲール：By H. Lenthall [Public domain])

1.2.2 日本における統計発展史

日本における統計の起源も人口統計調査からといってよい[10]．「日本近代統計の祖」と称される杉亨二 (1828–1917) により，1872 年，近代日本初の総合統計書となる「日本政表」の編成が行われる．また，1879 年に日本における国勢調査の先駆となる「甲斐国現在人別調」が実施された．これらの人口統計調査を経て，第 1 回目の国勢調査が 1920 年 (大正 9 年) に実施される．

1880 年代，"statistics" をそのまま「スタチスチック」でよいのではないかという杉亨二の考えに賛成する今井武夫と，「統計」という訳を推す森林太郎 (森鷗外：1862–1922) との間で「統計論争」とよばれる論争があった．このころ，大隈重信が統計に関心をもち，1881 年，日本で初の統計機関である「統計院」を設置し，自ら統計院長に就任し公的統計の整備を行った．

公的統計の歴史と異なる歴史がある．ロンドン留学時代の夏目漱石 (1867–1916) は，科学思想家でもある前述のピアソンの著書「科学の文法」に影響される．また，物理学者 寺田寅彦 (1878–1935) も，師である夏目漱石からの勧めにより本書に影響され統計現象の研究をした．

杉 亨二[**)

森 鷗外[**)

夏目漱石[**)

---

10) 『日本書紀』に，「崇神天皇の即位 12 年 9 月，調役の賦課のため行われた人口調査」が記されている．この年は紀元前 86 年にあたり，これが日本最古の人口調査とされている．
**) 写真出典：Wikimedia Commons より (杉 亨二：社会統計学史研究 (1942) より [Public domain]；森 鷗外：[Public domain]；夏目漱石：By Ogawa Kazumasa [Public domain])

―― 森鷗外と脚気 ――

　森鷗外には有名な「脚気」に関する事件がある．ビタミンの存在が知られていなかった当時，陸軍軍医であった森は脚気の原因は脚気菌であるという考えに賛同した．海軍軍医 高木兼寛 (ビタミンの父，1849–1920) は白米を食べている者に脚気が多く，麦飯が脚気に効果があると考えた．高木はナイチンゲールの考えを継ぐイギリスの臨床医学の影響を受けていた．森は麦飯と脚気との因果関係に根拠はないとし，脚気菌の研究を継続することを指示，陸軍には麦飯を与えなかった．一方で，高木は海軍において脚気予防のための「海軍カレー」を考案し配給した．日露戦争では，陸軍で約 21 万人の脚気患者が発生し約 3 万人が死亡する事態となったが，同時期，海軍では脚気撲滅とされた．

1.3 問題の発見と解決

　統計学というと，得られたデータに対して統計的手法を操ることと思われがちであり，高度な数学を駆使して証明するようなイメージがある．実際はさまざまな問題を解決するための手順を含めて学ぶべき学問である．つまり，**問題設定からの統計的考察が必要となる**．近年，ニュージーランドの統計教育において示されている **PPDAC サイクル**という**問題解決の枠組み**が教育現場をはじめとして一般にも知られるようになった。PPDAC とは，Problem (問題の明確化)，Plan (調査や実験の企画)，Data (データ収集)，Analysis (データ分析)，Conclusion (問題に対する結論) のことである．この考え方をサイクルとして何度も繰り返していくことが重要とされている．また，日本の統計の初等教育ではあまりふれない**研究デザイン**についても理解すべきであり，これらのことを理解したうえで，データ分析を行わなくてはならない (第 2 章)．

　ここでは，次の「調査の企画から発表まで」の流れについて説明する．

調査の企画 → データ収集 → データ分析 → 発表

　問題解決のための統計的考察のなかで，「調査の企画とデータ収集」が成功すれば，後半のことはほとんど問題なく進む．正しいデータ分析の知識があっても，データ自身がゴミであれば何の情報も得られないため，"Garbage In Garbage Out" といわれる．

「調査の企画」における根本的なこととして，次のことがあげられる．

・調査目的を明確にする．

・母集団 (だれに何を調査するのか) を定義する．

・調査方法 (抽出方法，調査人数など) を決める．

調査方法を決める際には，調査費用，調査期間なども考慮しなくてはならない．これらのことは調査の制限となることもある．また，社会調査では，調査員が個人に面会して回答を得る**個人面談法**，集団で回答してもらう**集団法**，比較的費用のかからない**電話法**，**郵便法**などがある．どの手法を用いるかで回収率が異なる．さらに具体的な作業として調査票の作成があり，誘導尋問や誤解をまねくような表現をとらないよう注意する．

「データ収集」では，しばしば回答を拒否される．回答拒否の理由がランダムであればあまり気にすることはない．しかし，経済的な内容を聞かれては困る収入の階級などがあると，集計による結果は**バイアス (偏り)** (2.4 節) をもつ．これ以外にもバイアスは多種多様な理由で生じる．また，データの一部が欠如しているもの，つまり，いくつかの箇所で記入のないデータを**不完全データ**，**欠測データ**という．不完全データの扱いについては専門的な方法が提案されている[11]．

データはそのままでは何も語らない．単なる数字の羅列である．「適切」な分析をすることによってはじめて意味がある．「データ分析」が統計学を学問として学ぶ内容となる．一方で，統計処理用の高度なソフトが安価で手に入る時代となり，これらのソフトを利用すると統計学を正確に理解せずとも表や図を出力し，さらには分析結果の出力も簡単になされる．しかし，出力された表や図は正しいのか？ いったい何を計算したのか？ ということについて自信をもって答えることができる能力をもちえないといけない．

「発表」はいままでの苦労を実のあるものにするため，最後の努力をしなければならない．はじめに設定した目的について知見を得ることができれば成功といえる．発表のときに，得られた結果をよくみせたいがために必要以上に図や数値を誇張することもあるが，そのようなことをしてはならない．「統計のウソ」といわれる理由のひとつがここにある．

調査の企画，データ収集，データ分析，発表の流れは問題により異なり，当該分野に依存するところもある．また，多くの経験が必要となるので，この流れを幾度となく経験することを勧める．

---

11) 本書の範囲を超えた内容であるため，他書に委ねることとする．文献 [4] などを参照．

1.4 種々のデータ

データをつくり上げている値にはさまざまな種類があり，その種類によって分析方法が異なる．ここでは，質的データ，量的データ，時系列データについて説明する．

1.4.1 質的データと量的データ

性別，年齢，身長，体重などのことを**変数 (変量)** とよび，変数の種類は，**カテゴリ (項目)** で示される**質的変数**と，数値で示される**量的変数**に大別される．質的変数からなるデータを**質的データ**，量的変数からなるデータを**量的データ**という (第3章)．

1) 質的変数　質的変数は，2値変数，多値変数，順序変数に分けて扱う．**2値変数**は性別，成功・失敗など2つのカテゴリしかない変数をいい，一方を0，他方を1として**数量化**して分析することが多い．3つ以上のカテゴリで示された変数を**多値変数**という．順序のある多値変数が**順序変数**である．

たとえば，あるゲームに登場するキャラクタを「水系・草系・炎系」でカウントすること考える．これは3値変数であり，区別するため 水 = 1，草 = 2，炎 = 3 と数値化できる．このとき，3つのカテゴリの順序には意味がない．付与する数値は自由であり別のものを考えてもよい．キャラクタの強さは5段階評価 (☆☆☆☆☆ = 5，☆☆☆☆ = 4，☆☆☆ = 3，☆☆ = 2，☆ = 1) の順序変数を考えることができる．順序変数の数値の間隔の幅は個々のイメージによって決まることもあり，等間隔とは限らないことに注意する．

2) 量的変数　量的変数は連続変数と離散変数に分けて扱う．身長や体重のような実数値をとるものを**連続変数**といい，サイコロの目，試験の点数，単位時間の客数など整数値をとるものを**離散変数**という．現実問題において，連続変数と離散変数の区別は困難である．身長や体重も測定の限界があるので，完全に連続しているわけではない．一方，10点満点の試験の得点は $0, 1, \cdots, 10$ の11の値をとる離散変数であるが，連続変数として扱うことが多い．

3) 4つの尺度　質的変数と量的変数について述べたが，変数をそれぞれの値がもつ性質の意味合いから4つの**尺度 (名義尺度，順序尺度，間隔尺度，比例尺度)** を考えることができる．これらの間には順序関係があり，名義尺度が最も下位の尺度，比例尺度が最も上位の尺度で，その順は，

$$名義尺度 < 順序尺度 < 間隔尺度 < 比例尺度$$

表 1.4.1　4 つの尺度

尺　度	値の意味と特徴	利用できる統計量の例	変数の例
名義尺度	同じカテゴリか否かに意味がある.	度数, 最頻値	2 値：合否, 性別
			多値：好きな物
順序尺度	上の意味＋ カテゴリの大小関係に意味がある.	上の統計量＋ 中央値, 四分位数	成績SABCF 評価, 5 段階評価 (☆の数 など)
間隔尺度	上の意味＋値の間隔に意味がある. 値 0 は相対的な意味しかない.	上の統計量＋ 平均, 標準偏差	偏差値, 温度 (摂氏, 華氏)
比例尺度	上の意味＋値の比に意味がある. 値 0 は絶対的な意味がある.	上の統計量＋ 変動係数, 幾何平均	得点, 身長, 体重, 絶対温度

である. 表 1.4.1 に示すように, 質的変数は名義尺度と順序尺度に, 量的変数は間隔尺度と比例尺度に分けることができる. また, 上位の尺度はそれより下位の尺度の意味と特徴ももち, 下位の尺度で利用できる**統計量**[12)] はそれより上位の尺度でも利用できる.

　名義尺度には, 先に述べた 2 値変数と多値変数がある. また, 順序変数が順序尺度である. 多値変数の名義尺度は, カテゴリに含まれる個体を数え上げ (**度数という**), どのカテゴリの度数が多いかを比較することに意味がある. 順序尺度については, 度数にも意味があるが, 付与した数値の小さい順に数え上げたとき, 中央値がどのカテゴリにあるかを調べることにも意味がある. 平均も計算できるが絶対的な意味合いはないので注意して利用する.

　量的変数には間隔尺度と比例尺度がある. 温度を比較する際に, "-20 ℃ より 20 ℃ は 40 ℃ 熱い"というが, "-1 倍熱い"とはいわない. つまり, 温度の間隔には意味があるが比には意味がない. このような変数が間隔尺度である. これに対して, 身長, 体重は値の間隔にも比にも意味があり, 20 cm 高いや 10 kg 軽いとも, 1.2 倍の高さや 0.8 倍の重さともいう. これは身長や体重が意味する 0 が絶対的なものだからである. 身長, 体重のように値 0 が絶対的な意味がある場合, 変数は比例尺度である. 比例尺度には多くの実例があるが, 間隔尺度の実例はあまりない. また, 統計量のなかには変動係数のように, 比例尺度では意味をもつが間隔尺度では意味をもたないものがある.

　尺度には順序関係があるため, 上位の尺度に属する変数を下位の尺度に変えることができる. たとえば, 成績の得点 (比例尺度) は, 偏差値 (間隔尺度), 成

---

12)　統計量とは度数, 中央値, 平均, 標準偏差, 変動係数 (＝ 標準偏差/平均) などをいう (3.3 節).

績 SABCF 評価 (順序尺度)，合否 (名義尺度) にできる．

1.4.2 時系列データ

時間の順に観測されるデータを**時系列データ**という[13]．たとえば，最高気温と最低気温などの気象情報は毎日発表される．消費者物価指数や完全失業率は毎月発表される．企業会計の財務諸表は半年ごとや 3 ヶ月ごとに発表される．

現在，コンピュータの発展により，時系列データの種類は増え，時間幅は狭くなった．気象データも時間から分へ，分から秒へと時間幅が狭くなり，情報量が増えた．顧客データも 24 時間とることができ，どのような時間帯にどのような人が何を買うかなども詳細にわかるようになった．

ここでは，交通事故発生状況の 50 年間の推移 (1966–2015) のデータを用いて折れ線グラフでの考察を試みる (図 1.4.1)．負傷者数については，1970 年に一度目のピークがあり，その後，減少するが再度の増加があり，2004 年に 2 度目のピークがみられる．死者数については，1970 年に一度目のピークがあり，その後，全体に減少傾向がみられる．負傷者数に対して死者数が減っていることが読みとれる．

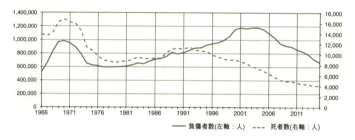

図 1.4.1 交通事故発生状況の推移 (1966–2015)[14]

経済や経営の時系列データでは 1 年の周期で複数年を比較することが多い．これは，1 年のなかで生じる季節の流行，慣習や行事が関係するからである．経済や経営の時系列の分析には 1 ヶ月ごとに調べる月次データや，第 I 期 (1～3月)，第 II 期 (4～6月)，第 III 期 (7～9月)，第 IV 期 (10～12月) と 3 ヶ月分ごとをまとめて発表する**四半期データ**が用いられる．第 I 期と第 II 期をあわせて**上半期**，また，第 III 期と第 IV 期をあわせて**下半期**という．

---

13) 一般に，時系列データは一定時間ごとに得られるものをいうが，時間間隔が変化するものもある (3.5 節)．
14) 出典：平成 28 年警察白書統計資料，5-3 交通事故発生状況の推移 (昭和 41～平成 27 年)．

図 1.4.2 は，2004 年 1 月〜2011 年 12 月までの国内総生産 (実質原系列) に関する四半期データである．このような時系列データは年々の動き (**長期変動**，**傾向変動**)，1 年より大きな周期でみられる動き (**周期変動**)，1 年という周期のなかで季節に関する動き (**季節変動**)，その他の事柄 (地震や台風，市場の変化など) による予測できない動き (**不規則変動**) などに分けて分析する．これを**時系列解析**，**時系列データ分析**などという[15),16)]．

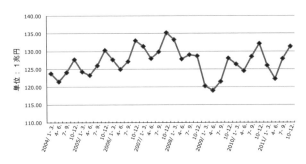

図 1.4.2　国内総生産 (実質原系列)[17)]

演習問題 1

1. 次の説明は，「偶然の一致」「統計のウソ」「第 3 の変数」のいずれかに関するものである．どの説明がどの内容であるかを示せ．

① 1 クラス 35 名の生徒のなかに同じ誕生日のペアがいた．
② 病院が多い地域は病人が多い．
③ 円グラフを 3 次元で表現し，主張したい項目が前面にくるようにした．

2. 次の調査について，全数調査または標本調査のどちらであるか答えよ．

① 選挙日に行う出口調査
② 社会生活基本調査
③ 学校保健統計調査
④ 人口動態調査
⑤ 日本人の国民性調査

3. 次はある自治体の『出生連絡票』の調査項目である．それぞれが質的変数または量的変数のどちらであるか答えよ．

---

15)　文献 [5] などを参照．
16)　より高度な時系列解析については他の書籍を参考にされたい．文献 [6] などを参照．
17)　出典：国民経済計算，内閣府．

1.4 種々のデータ

17

① 男女

② 第○子

③ 出生時の体重

④ 生年月日

⑤ 在胎週数

4. 次の国勢調査に関する説明のなかで，誤っているものはどれかを答えよ．(答えは 1 つとは限らない.)

① 内閣府が実施している全数調査である．

② 統計法で定められた基礎統計調査である．

③ 第 1 回は大正 9 年に実施された．

④ 原則，4 年ごとに実施される．

⑤ 調査対象者の事実に関する調査である．

2 章

調査と実験のデザイン

第1章で述べたように統計学の役割は大きく2つあり、得られたデータの特徴を記述すること (記述統計) と、母集団の特性を知るために標本とよぶ母集団の一部のデータを得、母集団の母数や傾向を推測すること (推測統計) である。これらを理解することは統計学を利活用するための基本である。記述統計や推測統計の知識の利活用には、研究デザインが重要である。正しい研究デザインがあってはじめて仮説の科学的証明ができる。

研究デザインはその特徴によっていくつかに分けられる。ここでは、研究者の介入がある実験研究 (介入研究) と、介入がない調査・観察研究[1] とに分けて説明をする (2.2節と2.3節)。どの研究デザインを採用するかを判断するためには、研究デザインの目的、特徴、欠点などを知っておくのがよい。

標本調査は、母集団の特性を推測するための基本である。母集団と標本の関係や標本から得られる統計的手法については第6章で扱う。2.4節では、標本を形成する個体の抽出方法やバイアス (偏り) について述べる。

調査を行うための抽出方法として、単純無作為抽出が知られている。単純無作為抽出は、母集団の一部である標本から全体を推測する際に、標本が偏りなく母集団の特性を示すことができる抽出方法である。しかし、常に単純無作為抽出が可能であるわけではない。そのため、単純無作為抽出以外にも調査の目的に応じた抽出方法があることを理解し、より適切な抽出方法を考えることが重要である。

2.1 研究の種類

どのような分野の研究であれ、研究の目的の多くには「因果の解明」という動機づけがある。因果を解明するにはいくつかの条件を満たしていなければならない。特に、完全な因果を調べるには研究者が介入する研究が必要で、これを**実験研究 (介入研究)** という。実験研究は理想ではあるが、研究費用や倫理上の問題のため実行できない状況が多くある。そのため、研究者が介入を行わな

---

1) 調査研究，観察研究を別のものとして分けることもあるが，本書では調査・観察研究とよぶ．

2.1 研究の種類

いが，できるだけ因果を解明するための研究計画を立てる必要があり，これを**調査・観察研究**という．

この2つの研究デザインの違いが「研究者の介入の有無」であると理解することのみで，多くの研究デザインがどちらであるかが判断できる．文科系の分野ではこの違いを理解するだけで十分かもしれないが，疫学をはじめとする医薬の分野や生物の分野などでは，実験研究の基本である実験計画法を知ることを重視している．また，調査・観察研究のデザインをさらに細かく分離し整理している (図 2.1.1)．これらの内容は文科系の分野で統計学を利用する者であっても，知識としてもっていると役に立つ．

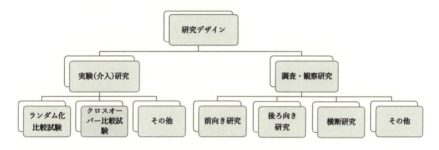

図 2.1.1　研究デザインの分類

研究デザインを理解するためには，データがもつ各種誤差について理解しておく必要がある．誤差とは，データから得られた結果と真値との間の差異を意味する．誤差の理解として，偶然誤差と系統誤差に分けて考える．**偶然誤差**は真値のまわりにでてくるもので，観測[2]回数を増やすことと，平均をとることで多くは解決する．**系統誤差**は**バイアス (偏り)** ともいい，真値からの乖離である．観測回数の増加とともに，一方方向に誤差が増えていくものや周期的に現れるものをいう．

系統誤差にはさまざまなものがある．たとえば，1日の観測において，時間が経つとともに観測している機器の精度が落ち，一方方向に誤差を生じることがある．また，観測担当者の癖により大きめに数値がでるような誤差もある．さらに，全国の者を対象としているのにもかかわらず，都会に住む者のみを抽出して観測することによる誤差も系統誤差に含まれる．系統誤差は観測値を得れば得るほど真値から遠ざかるため，できるだけなくすことが重要であるが，すべての系統誤差をみつけることは難しいとされている．

---

[2] 本書では実験や観察をも含め観測とよぶ．

20   2. 調査と実験のデザイン

　もう一つの誤差の理解として，**標本誤差**と**非標本誤差**がある．標本誤差は先に述べた抽出方法のみに依存する偶然誤差のことで，誤差が従う確率分布を想定し，統計的手法により評価ができる．非標本誤差は標本誤差以外の誤差すべてを示す．記入ミス，入力ミスや回答拒否なども非標本誤差である．一般に，系統誤差は非標本誤差の一部としてとらえる．(標本誤差と非標本誤差については2.4 節でバイアスとともにさらに説明する．)

2.2　実　験　研　究

　ここでは，効果を検証することが目的である研究についてみていく．先に述べたように，研究者の介入が行われる研究が**実験研究** (**介入研究**) である．実験研究において，目的となる処置がなされる個体群を**実験群** (**処置群**)，比較のための個体群を**対照群**という．

　実験研究を理解するには，処置効果検証の基本である「新薬の臨床試験」が最もわかりやすいので，これを例として説明する．たとえば，新薬が"既存薬より効果がある"，または，"既存薬より副作用が少ない"といった処置効果を調べることを考える．このように薬の効用を知りたいとき，何の研究デザインも考えずに患者に 2 種のどちらかの薬を投与してデータを得たとしても，その結果は信頼できるものではない．このとき，実験研究は 2 種の薬の投与方法から計画する必要があり，新薬を投与された実験群と既存薬を投与された対照群からデータを得たうえで，適切な統計的分析を行う．これらがそろってはじめて信頼できる結果を導くことができる．また，既存薬のない新薬の場合は，新薬を投与された実験群とプラセボ (偽薬) を投与された対照群からデータが得られるように計画する．

2.2.1　フィッシャーの 3 原則

　実験研究では以下に示す実験デザインの考え方があり，これを**フィッシャー**(Fisher) **の 3 原則**という．

---

1. 無作為化 (ランダム化)
2. 反復 (繰り返し)
3. 局所管理 (ブロック化)

2.2 実験研究   21

　この3原則は1.2.1項で紹介した英国の統計学者フィッシャーが提唱したものである．フィッシャーは推測統計 (第II部) に対して大きな影響を与え，近代統計学を確立した人物である．一方で，彼はハートフォードシャー州のロザムステッド農事試験場の統計研究員であったため，農事試験データの分析を行う際に培った研究デザインを**実験計画法**としてまとめた．ここで説明する3原則は，いまも実験計画法の基本的な原則として活用されている．

　無作為化　　新薬を既存薬と比較するという臨床試験では，研究者は新薬を投与する患者 (実験群) と既存薬を投与する患者 (対照群) を選ばなくてはならない．新薬を男性のみに，既存薬を女性のみに投与した場合，性別と薬との相性がデータに残り，効果を評価するにはバイアスが生じる可能性がある．実際にはこのような実験は行わないが，もし男性にのみ新薬が効果的であるというバイアスが存在するならば，新薬の効果が真の効果より大きく現れる．

　バイアスをなくすために，まず考えることは**無作為化 (ランダム化)** である．この実験では，性別に関係なく各患者にどちらの薬剤を投与するかをランダムに決めればよい．このような割り付けを**無作為割り付け**という．

　この例における系統誤差の可能性はまだある．たとえば，最初の10人に新薬を，次の10人に既存薬を投与する．一見，問題ないように思われるが，患者の癖として，早い時間にやってくる患者に重病者が多いかもしれない．ランダムでない割り付けでは，気づかずに系統誤差を生んでいることがある．系統誤差は予想できるものもあるが，予想できないものもある．この場合，投与する薬を無作為に割り付けることにより，予想できない系統誤差をも含め，それらによるバイアスをなくすことができる．つまり，無作為化が重要である理由は，「系統誤差を偶然誤差に転化できる」ことにある．

　反　復　　次に，反復 (繰り返し) について説明する．研究者が新薬または既存薬を無作為に投与したとしても，その患者数が少ないと，得られた結果が投与した患者個人の特性に関係する可能性がでてくる．そのため多数の患者に対して投与する必要があり，それを**反復**という．反復によってデータのばらつき (変動) の程度が観測でき，新薬の有効性をより正確に判断できる．ここで問題となるのは，投与する患者数が多いほどよいとはいえ，倫理上の問題もあり，不要に投与できないことである．そのため，何人の患者が必要であるか，または，限られた患者からどの程度まで何がいえるかを判断することが研究者の大きな仕事となる．

局所管理　　最後に，**局所管理**(ブロック化)について説明する．新薬と既存薬の比較において，薬の効用に性別および年齢が関係していることがほぼわかっているとする．つまり，性別と年齢の系統誤差があるとする．これらを実験計画のなかに含めることがある．たとえば，(男性，60歳未満)，(男性，60歳以上)，(女性，60歳未満)，(女性，60歳以上) の 4 つのブロックを準備し，それぞれのブロックにおいて新薬と既存薬の無作為を割り付けを行う．これから，各ブロック内において新薬と既存薬の比較が的確にできるようになる．このように，局所管理によって系統誤差 (性別と年齢) をブロック間の差としてとらえ分析することができる．ブロックの設定では，異なるブロック間での違いは大きめに，その他の条件はなるべく一定に保つのが望ましい．

　実験研究で重要なことは，確かめたい処置以外の影響がデータに残らないようにすることである．あらためて 3 原則をまとめると，
　　・無作為化により系統誤差を偶然誤差に転化する．
　　・反復によりデータのばらつきを評価する．
　　・局所管理により系統誤差をブロック間誤差にする．
ことである．

2.2.2　単盲検法と二重盲検法

　実験研究では患者を実験群と対照群に分け，新薬と既存薬，または，新薬とプラセボを投与する．患者が何を投与されたかを知ると精神的な影響が結果にでるといわれ，どちらの薬が投与されたかは知らせないほうがよい．投与する医師がだれにどちらを投与したかを知っているときは，患者のみがみえていないという意味で**単盲検法**という．医師もどの患者に何を投与したかは知らないほうが好ましい場合もある．医師が知ってしまうと，たとえば，新薬に高い評価を与えるなどの可能性が生じるからである．つまり，医師にも知らせず，研究を企画した研究者のみが知っていることが必要となる．このような研究は，医師も患者もともにみえていないという意味で**二重盲検法**という．

　これらの盲検法の考え方の背景には，新薬も既存薬も同じ効果があるという前提を否定したいという意図がある．無作為に投与する薬を決めたにもかかわらず，たとえば新薬の効果が高くなったなら，その新薬は既存薬より有効であるという判断ができる．この考え方は統計的仮説検定 (第 8 章) といわれる．

2.3 調査・観察研究

　処置効果の検証では，「因果の解明」という立場において実験研究がよいが，研究内容によっては実験研究が倫理的に，また現実的に不可能なことが多い．

　あるサプリメントが身体に与える影響を調べるため，実験群となる人たちを無作為に抽出してこのサプリメントの投与をお願いすることは理想的ではあるが，できないこともある．そのときは，研究時点において，飲んでいる人と飲んでいない人を抽出して調べることになる．また，教材Aと教材Bの教育効果の差を知りたいとき，生徒にどちらかの教材を無作為に与えて学習させることは可能のように思えるが，実際に強いることはできない．生徒または保護者の意思で教材を選んでもらい教育効果の差を調べることになる．このように，研究者による介入として無作為割り付けができない場合には，**調査・観察研究**を行う．

　サプリメントの影響の例においても，教材の教育効果の例においても，処置の有無や種類を調査の対象となる者が選択しているため，フィッシャーの3原則のうちの無作為化が成り立っていない．しかし，これ以外は実験研究と同じ計画を立てることができるため**準実験研究**とよぶこともある．

　実験研究では確かめたい処置以外の影響を無作為化しているので因果が解明できるが，準実験研究では因果の解明は完全ではない．サプリメントは体調を良くするために飲むわけであるが，実際に飲んでいる人の理由が体調不良であれば，飲んでいる人のほうが飲んでいない人より体調がすぐれないという結果がでるかもしれない．また，教材についても価格によって決めていることもあり，経済的な影響が教材を選ぶ意思に関係し，教材による教育効果でなく，経済的な教育環境を調べているだけかもしれない．

　先に述べたように，「因果の解明」には実験研究が最も良いとされているが，実際に行われている研究の多くは調査・観察研究である．少しでも因果について何らかの知見を得ることができるよう，いくつかの研究デザインがある．ここでは，前向き研究(コホート)と後ろ向き研究(ケースコントロール)および横断研究について述べる．話をわかりやすくするため，ある疾病Aに対して喫煙が影響しているか否かを研究することを例に説明する．

　1) 前向き研究(コホート)　　前向き研究は，研究開始時に一般的な健康な人々を選び，喫煙の傾向について調査し，その後，疾病Aを発症するか否かについて追跡調査するものである．このとき，適切な観察時間を決めておく必要が

ある．たとえば，研究開始時に選ばれた対象者が 100 名 (喫煙者 40 名，非喫煙者 60 名) いるとする．100 名がそれぞれ表 2.3.1 のように分かれ，喫煙者 40 名のなかで観察時間内に疾病 A を発症したものが 20 名，非喫煙者 60 名のなかで観察時間内に発症したものが 10 名であるならば，喫煙する者の 1/2 (= 20/40) が，喫煙しない者の 1/6 (= 10/60) が発症したので，これより，喫煙が疾病 A の発症に関係するのではないかという結論を得る．

前向き研究は時間がかかるため，対象者の死亡などの脱落により追跡が不可能になることがある．また，実験結果と違い，本当に疾病 A に喫煙が関係しているか否かを完全に明確にできない．喫煙

表 2.3.1　前向き研究の例

	発症	非発症	計
喫煙者	20	20	**40**
非喫煙者	10	50	**60**
計	30	70	**100**

する者としない者に何らかの環境の違いがあり，その環境が疾病 A の発症に大きく影響している可能性もあり，それを除くことはできない．それでも多くの知見を得ることができ，有効な研究として認められている[3]．

2) 後ろ向き研究 (ケースコントロール)　　後ろ向き研究は，疾病 A の発症という結果があって，その結果の要因を過去にさかのぼり調べることである．後ろ向きという名前であるが，因果の方向は前向き研究と同じである．疾病 A を発症した 30 名がいたとする．これを発症群とよぶ．発症群の 30 名が若年層の男性なら，おおよそ同じ年齢の発症していない男性を対照群として選ぶ．対照群は，その他の属性もできるだけ同じようにすることが重要である．

後ろ向き研究の良い点は，前向き研究より時間や経費がかからないことである．しかし，過去を思い出さないといけないことや，対照群をどのように設定するかというあいまいさがあり，実際の研究デザインにおいては注意が必要である．

発症群の 30 名に対し，対照群が 60 名選ばれたとする．表 2.3.2 のように発症群の 30 名のなかで喫煙者が 20 名で，非喫煙者が 10 名，対照群の 60 名のなかで喫煙者が 20 名で，非喫煙者が 40 に分か

表 2.3.2　後ろ向き研究の例

	発症群	対照群	計
喫煙者	20	20	40
非喫煙者	10	40	50
計	**30**	**60**	90

---

3)　前向き研究として最大級なのはアメリカの「フラミンガム研究」で，フラミンガムの住民を対象として 1948 年 (第 1 期) より始まり，1994 年 (第 2 期)，2005 年 (第 3 期) と続けて心臓疾患の要因の研究を現在に至るまで続けている．本来は心臓疾患の研究であったが，最近は他の病気の発症の要因となるものも調査している．

れたとする. このとき, 喫煙する者の $1/2$ $(= 20/(20 + 20))$, 喫煙しない者の $1/5$ $(= 10/(10 + 40))$ が発症したと考えたいが, 発症群および対照群はともに研究者が勝手に選んだ人たちであるため意味がない. 発症群の $2/3$ $(= 20/30)$ が喫煙をし, 対照群の $1/3$ $(= 20/60)$ が喫煙をしているという計算も, 因果の意味から間違いである. つまり, 後ろ向き研究において, 結果の割合を比較することはできない.

因果の比較において, 前向き研究でも後ろ向き研究でも利用できる方法としてオッズ比がある. オッズ比については 4.1 節で詳しく説明するが, 表 2.3.2 の後ろ向き研究の例では, オッズ比 $= (20 \times 40)/(20 \times 10) = 4$ という値が得られ, 喫煙が発症におよぼす影響は非喫煙が発症におよぼす影響の 4 倍であるという結果になる.

3) 横断研究　前向き研究や後ろ向き研究の他, **横断研究**とよぶ研究がある. この研究は原則, 対象となる集団を 1 回だけ, 1 時点だけの研究デザインで調査する. つまり, 継続的な調査は行わない. 喫煙と疾病 A の発症の関係を調査する際, 医師の問診も含め患者の調査時点における喫煙の有無と疾病の有無を記録するのみである. 横断研究では因果をみつけることはほぼ不可能であって, 何らかの傾向をみつけることができるだけである.

2.4 標本調査とバイアス

前節までの内容は研究デザインに関することであった. これらの研究デザインは理科系の分野の研究に関することのように思われがちである. しかし, 個々の人間行動の原因がなんであるかという「因果の解明」については, 文科系の研究においても必要で, 同様の研究デザインを考えることが重視される.

本節では, 研究に必要とされる標本抽出 (サンプリング) について述べる. 特に, 母集団の規模が大きい場合には, 母集団の縮図となる標本をつくり上げる必要がある. 母集団から標本が構成されデータが得られた場合, 結果には誤差が含まれる. 2.1 節で述べたように, 誤差とはデータから得られた結果と真値との間の差異を意味する. 誤差の分け方として標本誤差と非標本誤差があることも述べた. 標本誤差は抽出方法のみに依存する偶然誤差のことで, これ以外が非標本誤差である. 本節の後半は, 非標本誤差の原因となるいくつかのバイアス (偏り) について説明する.

2.4.1 標本抽出の種類

標本調査の基本は，標本が母集団の縮図となるよう対象を抽出することであると再三述べた．でき上がった標本から母平均や母分散などの母集団の母数を推測するが，その際に，正確度と精度について知っておくことが必要である (図 2.4.1)．真値からのバイアスの程度を**正確度**，観測値のバラツキの程度を**精度**という．正確度と精度の認識は実際の場面で要求される．

正確度：高い，精度：高い　正確度：低い，精度：高い　正確度：高い，精度：低い　正確度：低い，精度：低い

図 2.4.1　正確度と精度

1) 単純無作為抽出　単純無作為抽出は標本調査においてバイアスが生じない抽出方法である．この抽出方法では，サイズ N の母集団のからサイズ n の標本を得るとき，各個体の標本として選択される確率が n/N であればよいと思われがちであるが，どの n 個の個体の組も選択される確率が等しく $1/{}_N C_n$ [4)] となることが要求される．

たとえば，男女 5 人ずつの計 10 人からなる母集団から 6 人を選ぶとき，男性から 3 人，女性から 3 人を無作為に選ぶほうがよいのではないかと思われるが，各人の選ばれる確率はそれぞれ 3/5 であっても，「男性 5 人，女性 1 人」の組が選ばれることはないので，この抽出法は単純無作為抽出ではない．男女に分けることなく 6 人を選ぶので，選ばれた多くが男性であってもそれは受け入れなければならない．単純無作為抽出であるためには 10 人全体から 6 人を無作為に抽出するので，どの 6 人の組も選ばれる確率は $1/{}_{10}C_6 = 1/210 = 0.0048$ である．

2) 層化無作為抽出　属性 (性別，年代別，職業別など) が結果に対して大きく影響しているのではないかと思われる場合，それを考慮し母集団をいくつかの層に分けることを**層別**という．単純無作為抽出では，特定の層から個体が得られないことや，抽出された個体の数が層ごとに大きく異なることもある．

[4)] ${}_N C_n$ とは，N 個の中から n 個を選ぶ際の組合せの数である．${}_N C_n = \dfrac{N!}{n!(N-n)!}$ と計算できる．

各層から個体をまんべんなく得るため，層ごとに無作為に抽出する．これを**層化無作為抽出**といい，実験研究のフィッシャーの3原則における局所管理 (ブロック化) に対応したものである．

1) の例では，性別により母集団全体を2つに層別し，男性群から3人，女性群から3人を無作為に抽出することが層化無作為抽出である．層化無作為抽出を行う理由は，層にすることによって管理が容易になることもあるが，層内が等質的な標本であれば誤差分散が小さくなる．つまり，層内では精度が上がる．しかし，層の影響があるため，全体の真値に対して正確度が低くなりバイアスをもつ．

3) 多段抽出法　新聞の世論調査をみると，層化多段無作為抽出という言葉がみられる．これは内閣支持率調査のような大規模な標本調査において行われる抽出方法である[5]．母集団から標本を単純無作為抽出により直接抽出することが難しいとき，抽出単位を何段階かに分ける．第1次抽出単位をある確率で抽出し，次に第2次抽出単位をある確率で抽出する．さらに，第3次抽出単位を考えることもあり，これを**多段抽出法**という．

一般の世論調査では有権者約1億人が対象となり，標本として2000人から3000人程度を選ぶ．たとえば，この場合，日本全体を場所と産業を考慮し250〜300程度の地域にもれなく分ける．各地域からその地域に含まれる市や町を無作為に1つ抽出する．それぞれから10名程度を無作為に抽出し調査する．世論調査では，日本全体を場所と産業で分けることが層別を意味している．性別や年齢を含めて層を考えることもある．このように層化抽出法と多段抽出法を組み合わせて行う抽出方法を**層化多段抽出法**という．

4) 系統抽出法　単純無作為抽出法と類似しているが，少し容易に抽出する方法として**系統抽出法**がある．系統抽出法は，まず母集団に含まれる個体すべてに番号をつける．次に1番目の番号を無作為に選び，その番号に対応する個体を抽出する．2番目以降は1番目から同じ間隔で番号を選び，その番号に対応する個体を抽出する．通常，サイズ N の母集団のからサイズ n の標本を得るとき，N/n ごとに抽出する．順番に何らかの癖があり，特殊な属性のみが選ばれることが生じる場合，この方法を利用することは好ましくない．

---

5)　近年の新聞社の世論調査は RDD (Random Digit Dialing) 方式による電話調査で行うことが多い．

5) クラスター (集落) 抽出法　　母集団を網羅的に分割しクラスター (集落) を構成する．これらのクラスターからいくつか (1 つだけでもよい) を抽出する方法をクラスター (集落) 抽出法という．抽出されたクラスターの中の全個体を調査することが特徴である．あらかじめクラスターについて名簿などがあれば時間と費用が節約できる．たとえば，6 クラスある学年の 1 クラスを選び，そのクラスの生徒全員に調査する．クラスター抽出法では正確度が低下する．

2.4.2　標本抽出のバイアス

　先に述べたように正確度と精度が調査では重要である．前述の抽出方法は調査対象が恣意的でないよう設計されているが，予想できないバイアスはさまざまな状況で発生する．ここでは，バイアスが発症するいくつかの状況を示す．バイアスの種別はお互いに関係しているため，完全に分けることはできない．はじめに，研究の手順である，標本抽出時，データ収集時，統計分析時に分けて説明する．

- **選択バイアス:**　対象者を無作為に選ぶのでなく，研究者が何らかの理由によって選ぶことにより生じる標本抽出時のバイアス．母集団の縮図となっていない．　例：ネット環境がある者だけを選んだ．口コミできた者だけを調査した．
- **情報バイアス:**　データを収集する際に生じるデータ収集時のバイアス．自分の理想の方向に申告する．良いと思われるほうに偏った内容を申告する．　例：実際の体重より少なくいう．喫煙歴や飲酒量を少なく申告する．
- **交絡バイアス:**　原因と思われることにも，結果と思われることにも影響を及ぼす因子を**交絡因子**という．この交絡因子の存在のため，実際の結果とは違うことが分析される統計分析時のバイアス．　例：喫煙とある病気が関係していると結果報告された．この背後にストレスがあり，ストレスのため喫煙が増え，ストレスのためにその病気が多いのかもしれない．ストレスに関する調査をしていないと気づかない．

　これら以外にも，調査時にはさまざまなバイアスが生じるため注意が必要である．選択バイアスの一部ではあるが，質問 (調査) 票を用いる研究に散見されるバイアスを列挙する．

- **質問テーマに対する回答拒否:**　収入額や貯蓄額などの経済的な質問に多い．

大統領選挙の世論調査

2016年11月のアメリカ大統領選では，勝利するといわれていたクリントン候補が負け，トランプ候補が圧勝した．その理由は，隠れトランプ支持者が予想以上にいたということで，これもバイアスの一つである．

アメリカ大統領選の世論調査の歴史では，2つの誤った結果を導いた選挙戦があった．1つ目は1936年，世界大恐慌時，フランクリン・ルーズベルト候補とアルフレッド・ランドン候補のときに起きた．「リテラリー・ダイジェスト」は，200万人以上の調査結果からランドンが57％で当選と予想，一方，「アメリカ世論研究所」のジョージ・ギャラップは，3000人の調査からルーズベルトが54％で当選と予想した．その結果は60％の得票率でルーズベルトが当選であった．リテラリー・ダイジェストの失敗は富裕層宛のみに郵送調査したためである．ギャラップは，性別・収入・都市か農村かなどを実際の割合と同じになるよう「割り当て法」での調査を設計した．このときの失敗から世論調査の設計の重要性がいわれ，現在に至る．ただし，このとき選ばれた3000人は無作為に抽出されたのではなかった．

2つ目は1948年，ハリー・トルーマン候補とトーマス・デューイ候補の大統領選である．全調査会社がデューイの勝利と予想した．しかし，実際はトルーマンが勝利する．1936年以来，世論調査は「割り当て法」で行われていたが，調査が容易な者を選んでいた．以降，無作為抽出法の重要性も含めた調査に変わる．

- 主張するための強い参加： インターネット調査などで主張したい者が積極的に回答する．
- 強制による回答： 会社の上司から回答するようにいわれ，会社にとってよい方向で回答する．
- 質問による誘導： 質問票の文章により，調査する者がよいと思う方向に回答する．

演習問題 2

1. 次の研究デザインについて，実験研究 (介入研究) または調査・観察研究のどちらであるか答えよ．

① ある商品を購入する主な理由がテレビCMのイメージであるという仮説を調べるため，この商品を購入したお客40人に，テレビCMを見たか否かなどについてアンケート調査をすることにした．

② インターネット上にある商品を購入するか否かはトップページの情報に関係するという仮説を調べるため，3 種のトップページを準備した．600 人の協力を得，無作為に 200 人ずつに分け，3 種のトップページを見た後の行動調査と，アンケート調査をすることにした．

③ 足を疲れさせないとされる靴が開発された．このことを調べるため，40 人の大学生の協力者を得，20 人ずつに無作為に分け，20 人は新しい靴を，他の 20 人は既存の同種の靴を毎日 3 時間履いて，2 週間後，足の疲労度を比較することにした．

④ 朝ごはんを食べるか否かによって 1 日の体調が変わるという仮説を調べるため，朝ごはんを食べる 20 人と食べない 20 人の協力を得，1 日のモニター調査をすることにした．

2. 次の文章について各問に答えよ．

A：「東京 23 区の世帯の食費支出を調べるため 3000 世帯を選ぶことにした．抽出方法は (ア) である．具体的には，各区の世帯数比で区から町を選び (全部で 300 町)，それぞれから 10 世帯を無作為に選んだ．」

B：「日本の小学 6 年の興味を調べるため 600 人を選ぶことにした．抽出方法は (イ) である．具体的には，日本にある小学校に番号を付け，無作為に 20 校を選び，さらに無作為に 6 年生のクラスを 1 つ選んだ．このクラスの生徒全員に調査する．」

(1) 文章中の (ア)，(イ) にあてはまる抽出方法はどれか．次のなかから選べ．

① 単純無作為抽出法

② 層化無作為抽出法

③ 系統抽出法

④ クラスター (集落) 抽出法

⑤ 多段抽出法

(2) A の調査の母集団は何で，標本のサイズはいくらになるかを答えよ．

(3) B の調査において次のようなことが起こった．これらは非標本誤差になりうるか否かについて答えよ．

① 答えたくない調査項目があり回答しない生徒がいた．

② 調査時に欠席した生徒は回答しなかった．

③ 調査用紙を朝に配布し，下校までに提出するよう指示した．

3 章

データの記述 (1 変数)

　データを得たとき，平均はいくらだろうか？ 全体にどの程度の値をとっているの
だろうか？ そんなことが知りたいものである．データ全体の特徴をみるためには表
や図にまとめること，特徴を表す値を求めることが重要である．本章では，得られ
たデータの特徴を記述する記述統計の基本について説明する．統計的意味をもつ平
均，分散，標準偏差といった値は**基本統計量** (記述統計量，要約統計量) とよばれ，
記述統計だけでなく第 II 部の推測統計においても重要な意味合いをもつ．

　理解を深めるために，本章では，デジタルオーディオプレイヤー (DAP) の価
格に関するデータを利用する．このデータは，ある日の DAP の最安価格一覧より，
必要項目の記載がすべてある一般的な 102 機種を選んだ．

　n 個の個体が観測された場合，**データサイズ** (データの大きさ) は n という．つ
まり，この例のデータサイズは 102 となる．また，実際に得られた値のことを**観測
値**という．以後，本データを DAP データとよび，「最安価格」は単に「価格」と
記す．

　表 3.0.1 に DAP データの最初の 10 機種を例として示す．各項目について説明す
ると，1 列目は製品を示す番号であり，ここでは変数として扱わない．質的変数は

表 3.0.1　デジタルオーディオプレイヤー (DAP) の価格など

番号	価格 (円)	登録年 (年)	外部メモリ 有：1，無：0	記憶容量 (GB)	再生時間 (時間)
1	20300	2016	1	16	45
2	12980	2014	0	8	77
3	15688	2012	0	16	30
4	25070	2015	0	32	40
5	27250	2016	1	16	45
6	21919	2015	1	16	51
7	20750	2015	0	16	40
8	11168	2015	0	4	77
9	29500	2015	0	64	40
10	69012	2016	1	64	16

登録年[1] (順序変数) と外部メモリの有無 (2 値変数) であり，量的変数は価格 (連続変数)，記憶容量 (離散変数) と再生時間 (連続変数) である．記憶容量の種類は 4，8，16，32，64，128 (GB) の 6 種類であるため，1〜6 の順序変数として扱うこともできるが，ここでは量的変数として扱う．

3.1 質的データの集計とグラフ表現

質的変数からなるデータを**質的データ**という．表 3.1.1 は DAP データの質的変数の「登録年」について集計したものである．カテゴリは，2010 年，…，2016 年の 7 つである．**度数**は同じカテゴリにある機種の数で，**相対度数**は度数の総和 (全数) に対する各カテゴリの度数の割合である．

表 3.1.1　度数と相対度数の例 (登録年)

登録年	度数	相対度数
2010	3	0.03
2011	3	0.03
2012	11	0.11
2013	18	0.18
2014	14	0.14
2015	29	0.28
2016	24	0.24
総　和	102	1.01

(相対度数の合計 1.01 は丸め誤差による)

質的データを表現する基本的なグラフとして，**ドットプロット**，**棒グラフ**，**円グラフ**，**帯グラフ**などがある．ドットプロットは，度数を黒丸などの単純な記号で表し，各カテゴリの度数を比較できるようにする (図 3.1.1)．棒グラフは，高さが度数，または相対度数になるように作成する棒状のグラフである (図 3.1.2)．データが 1 つの場合，度数であっても相対度数であってもグラフの形は同じであり，どちらを利用してもよい．しかし，総和が異なる 2 つ以上のデータを比較する場合は相対度数を用いるほうが好ましい．

円グラフと帯グラフは全体に対する各カテゴリの割合を示す．つまり，相対度数の値が必要となる．円グラフを描くときは，原則，時計の 12 時の位置から右回りに相対度数が大きい順に並べ，その他や不明を最後におく．この例は登録

---

1)　一覧には登録日が示されていたが，表 3.0.1 には年だけを表示した．登録日の多くは当該機種の発売時期と同じである．登録年を離散変数と考えることもできるが，ここでは順序変数として扱う．

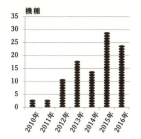
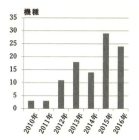

図 3.1.1　ドットグラフの例 (登録年)　　図 3.1.2　棒グラフの例 (登録年)

年が順序変数であるため，年の昇順 (または降順) で並べるのがよい (図 3.1.3)．帯グラフにおいても，一般に相対度数が大きい順に左から並べるが，同様の理由で登録年の昇順で並べた (図 3.1.4)．なお，どちらのグラフにおいても，相対度数の合計が 101 ％となるのは丸め誤差による．

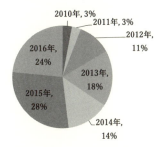
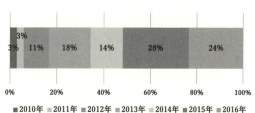

図 3.1.3　円グラフの例 (登録年の割合 (全数＝ 102))　　図 3.1.4　帯グラフの例 (登録年の割合 (全数＝ 102))

3.2　量的データの集計とグラフ表現

量的変数からなるデータを**量的データ**という．本節では，表 3.0.1 にある DAP データの「価格」について集計しグラフで表現する．質的データに対する集計やグラフ表現とは異なるので，その違いを理解されたい．

3.2.1　度数分布表とヒストグラム

1) 度数分布表　　表 3.2.1 の度数分布表 (2 列目) と相対度数表 (3 列目) について説明する．質的変数と異なり量的変数はさまざまな値をとるため，いく

つかの**階級 (クラス)** にまとめ，その階級に含まれる個体を数え上げ，度数を求める．相対度数は度数の総和 (全数) に対する各階級の度数の割合である．度数分布表の作成手順は次のようにする．

(1) 階級の数，および，**階級幅**を決める．

(2) 度数分布表における最小値を決める．

(3) 数え上げて度数 (と相対度数) を表にする．

(1) と (2) を変化させ，納得いくまで確かめ，次に述べるヒストグラムも利用し，全体像が把握できるものを採用する．階級数を多くしすぎると，各階級に含まれる個体が少なくなり，度数の値の凹凸が多くなり，全体の特徴がとらえられない．階級数が少ない場合は，各階級に含まれる個体が多くなり，これもまた全体の特徴がとらえられないことがある．

質的データと同様，複数のデータを比較したい場合は，相対度数を用いるほうが好ましい．また，階級幅は常に等間隔であるとは限らず，データにあわせた間隔幅を採用する．通常，所得や貯金額のデータを度数分布表に示す場合，階級幅は等間隔ではないので注意がいる．このことについては図 3.3.5 を用いて後述する．

表 3.2.1 度数分布表の例 (価格)

階級間隔 (円)	度数 (機種)	相対度数
0 ～ 20,000	38	0.37
20,001 ～ 40,000	30	0.29
40,001 ～ 60,000	10	0.10
60,001 ～ 80,000	10	0.10
80,001 ～ 100,000	5	0.05
100,001 ～ 120,000	7	0.07
120,001 ～ 140,000	0	0.00
140,001 ～ 160,000	0	0.00
160,001 ～ 180,000	1	0.01
180,001 ～ 200,000	0	0.00
200,001 ～ 220,000	1	0.01
合 計	102	1.00

2) ヒストグラム (度数分布図)　図 3.2.1 は表 3.2.1 の度数分布表を図示したもので**ヒストグラム (度数分布図，柱状図)** という．ヒストグラムは棒グラフと似ているが，質的データに利用する棒グラフと量的データに利用するヒストグラムは大きく異なる．棒グラフが示すことは度数の比較であり，それは「高

3.2 量的データの集計とグラフ表現

さ」で表現する．一方，ヒストグラムが示す度数の比較は高さではなく「階級幅×高さ」の柱状の面積で表現する．そのため，階級幅が等間隔でなければ高さを調整する必要がある．等間隔であるとき，面積は高さと比例するため棒グラフと同じと思われるが，それは正しい理解ではない．たとえば，棒グラフでは「りんご」「みかん」「いちご」の数を高さに表すが，その順序は「みかん」「いちご」「りんご」でもかまわない．一方，ヒストグラムの横軸の順序を変更できない．これは，"小さい値から大きな値まで連続している"という意味合いをもたせているからである．さらに，その動きに応じて度数がどのように変化するかを考察する目的があり，この変化の様子を「分布する」という．図 3.2.2 は階級幅を変化させたものを参考として作成した．3 つのヒストグラムのなかでは，図 3.2.1 のヒストグラムが最も特徴を示していると思われる．

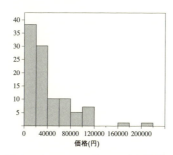

図 3.2.1　ヒストグラムの例 (価格)

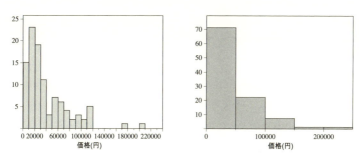

図 3.2.2　階級幅を変化させたヒストグラムの例 (価格)

3) **幹葉図**　ヒストグラムと同様の視覚効果をもつものとして，**幹葉図**がある．価格を幹葉図によって表現した一例が図 3.2.3 である．視覚的には，図 3.2.2 の左図のヒストグラムを横にしたものと考えてよい．左の「幹」の数値は 1 万円の位を，右の「葉」の数値は 1 千円の位を意味しており，これらをあわ

```
 0 |   222233345557899
 1 |   0001111233334455 6688999
 2 |   0001113335566677799
 3 |   12234688999
 4 |   126
 5 |   2278899
 6 |   446699
 7 |   2589
 8 |   49
 9 |   459
10 |   39
11 |   24667
12 |
13 |
14 |
15 |
16 |
17 |   1
18 |
19 |
20 |   1
```

図 3.2.3　幹葉図の例 (価格)

せて観測値を示す. たとえば, 0|2 は 2,000 円代を, また, 20|1 は 201,000 円代の機種であることを意味する. 数値を示すことによってヒストグラムより情報が失われることが少ない. これが幹葉図の特徴である.

3.2.2　累積度数分布表と累積分布図

1) 累積度数と累積相対度数　　表 3.2.2 は, 表 3.2.1 に累積度数と累積相対度数を加えた表である. 累積度数は, 小さな階級からその階級までに含まれる度数の合計であり, 累積相対度数は, その階級までの相対度数の合計である. この値は, 累積度数を総和で割った値ととらえることもでき, その階級までに含まれる度数の割合を示す. 累積度数や累積相対度数は, 小さな値から順に並べ, 25 %, 50 %, 75 % などに位置する個体がどの階級に属するかがわかる. この例では, それぞれは 0〜20,000(円), 20,001〜40,000(円), 40,001〜60,000(円) の階級に属する.

2) 累積分布図　　観測値を小さな値から順に並べ, ある値より小さな値を示す個体数の総和に対する割合を縦軸に図示したものが**累積分布図**である. 累積分布図は 0 からはじまり, 単調に増加し, 1 で終わる. 図 3.2.4 は DAP データの価格についての累積分布図である.

　図 3.2.5 は, 表 3.2.2 に示された累積相対度数から累積分布を図示したものである. この図の作成の手順は次のようになる.

3.2 量的データの集計とグラフ表現

表 3.2.2　度数分布表の例 (価格)

階級間隔 (円)	度数 (機種)	相対度数	累積度数	累積相対度数
0 ～ 20,000	38	0.37	38	0.37
20,001 ～ 40,000	30	0.29	68	0.66
40,001 ～ 60,000	10	0.10	78	0.76
60,001 ～ 80,000	10	0.10	88	0.86
80,001 ～ 100,000	5	0.05	93	0.91
100,001 ～ 120,000	7	0.07	100	0.98
120,001 ～ 140,000	0	0.00	100	0.98
140,001 ～ 160,000	0	0.00	100	0.98
160,001 ～ 180,000	1	0.01	101	0.99
180,001 ～ 200,000	0	0.00	101	0.99
200,001 ～ 220,000	1	0.01	102	1.00
合　計	102	1.00		

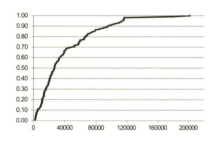

図 3.2.4　累積分布図の例 (価格)

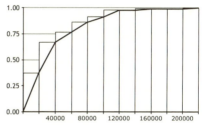

図 3.2.5　分布表からの累積分布図の例 (価格：折れ線の部分)

(1) 横軸に階級をとり，累積相対度数の値を長方形にして図示する．
(2) 折れ線は 0.00 からはじめ，各長方形の右上を通す．
(3) 最後はこの長方形は消し，折れ線グラフだけが残る．

　実際の観測値がわからず，度数分布表のみが与えられているときにはこの方法を用いて累積分布図を図示する．

　なお，累積相対度数は，不平等さを知ることができる**ローレンツ曲線**を作成する際に必要となる．ローレンツ曲線は経済学や経営学の分野では重要であるが，本書では扱わない[2]．

---

2) 文献 [5] などを参照．

3.2.3 分布の形状

3.2.1 項ではヒストグラムの説明をした．ヒストグラムからデータがどのような分布をしているかの判断ができる．基本的な形状として，次に説明する 4 つのパターンがある (図 3.2.6)．

① ベル型：単峰で左右対称であり，ベルのような形をしている．
② 一様：ある範囲内で値が同じ程度に観測される．
③ 右に裾が長い：ピークが左にあり，全体に対して大きな値をもつ観測値が存在する．
④ 左に裾が長い：ピークが右にあり，全体に対して小さな値をもつ観測値が存在する．

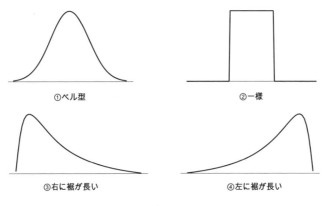

図 3.2.6　ヒストグラムの 4 つのパターン

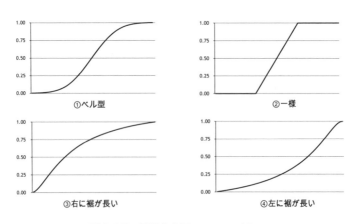

図 3.2.7　累積分布図の 4 つのパターン

3.3 基本統計量 39

①, ③, ④ については単峰であることが原則となっている. 2 つ以上の峰が存在するときは, データサイズが小さい (個体数が少ない) ことや, 2 つ以上のグループが混ざり合っていることが要因となっていることがある.

図 3.2.1 のヒストグラムからわかるように, DAP データの量的変数の価格は右に裾が長い分布の形状で③に相当する.

ヒストグラムと累積分布図との関係を理解することが重要である. 図 3.2.7 に, 図 3.2.6 の 4 つのパターンに対する累積分布図を示す. ヒストグラムにおいて峰になるところで累積分布図の傾きが急になることがみてとれる.

3.3 基本統計量

データサイズ n であるデータには n 個の観測値がある[3]. それぞれの観測値を区別するために, 個体番号に対応する下付きの添え字を記し, $x_1, x_2, \cdots, x_n$ と表す. 実際の $x_1, x_2, \cdots, x_n$ は観測した 1 番目, 2 番目, …, n 番目の人や個体の身長や体重などの数値である.

本節では, データの特徴を表す平均, 分散, 標準偏差などいくつかの基本統計量について説明する.

3.3.1 分布の形状の尺度 (位置の尺度)

データの代表値として用いる平均, 中央値, 最頻値について説明する. これらは位置の尺度 (位置の指標) ともいい, 最も重要な基本統計量である. 3.3.2 項で示す散らばりの尺度 (散らばりの指標) とともに用いて, データの特徴を理解する[4]. また, 平均, 中央値, 最頻値以外のさまざまな平均についてもふれる.

1) 平　均　　平均はすべての観測値を加え, データサイズ n で割ったものである.

$$\text{平均}: \quad \bar{x} = \frac{1}{n}(x_1 + x_2 + \cdots + x_n) = \frac{1}{n}\sum_{i=1}^{n} x_i$$

記号 $\bar{x}$ は「エックス・バー」と読む. この式より平均は全観測値の重心と考えることができる. ここで重要なのは, 平均が"全観測値の中心ではない"ことである. ただし, ヒストグラムを描いたとき, 左右がおおよそ対称であるなら

---

3) 実際のデータでは欠測があり, データサイズ n であるデータであっても観測値が n 個より少ないことがある.

4) 本節の尺度は, 質的変数と量的変数の説明で扱った 1.4.1 項の 4 つの尺度 (名義尺度, 順序尺度, 間隔尺度, 比例尺度) とは異なる.

ば，重心＝中心 なので平均が全体の中心と考えてかまわない．しかし，非対称の場合，平均の扱いには注意がいる．

多くのデータにおいて，平均がデータの代表値として扱われる．平均を知ることによって，自分が代表値よりどの程度，離れているかがわかる．また，男性と女性に関する何らかのデータの平均どうしを比較することで，性別による差が把握できる．このように，平均はよく用いられるが，先にも述べたように，ヒストグラムにおいて左右対称性がほぼ認められる場合にのみいえることである．

次のような例を考えてみる．

〈ある会社の全社員 (11 名) の月給〉　　　　　　　　(万円)

| 12 | 16 | 16 | 16 | 20 | 20 | 24 | 28 | 32 | 50 | 96 |

この月給の平均 (平均月給) を計算すると 30 万円 ($= \frac{1}{11}(12 + 16 + \cdots + 96)$) である．しかし，30 万円より少ない給与の人が多く，これではこの会社の月給の代表値とはいえない．図 3.3.1 からわかるように，このデータは右に裾が長い非対称の分布である．非常に大きな値 (**外れ値**) があり，平均はその値に影響され大きな値になっている．これは平均が重心を示す値であるために生じる平均の欠点である．そのため，次に述べる中央値，最頻値の位置の尺度も考慮する必要がある．

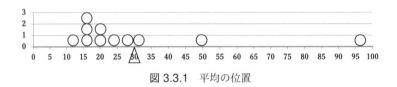

図 3.3.1　平均の位置

2) **中央値 (中位数，メジアン)**　　観測値を小さい順に並べ，ちょうど真ん中に位置する観測値を**中央値 (中位数，メジアン)** という．データサイズ n が奇数の場合は中央に位置する観測値は 1 つであるため，それが中央値となる．偶数である場合，真ん中に位置する 2 つの観測値の平均を中央値とする．上の例では 20 万円が中央値になる (図 3.3.2)．

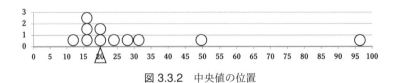

図 3.3.2　中央値の位置

3) 最頻値 (モード)　　最も多く観測された観測値を**最頻値 (モード)** という．上の例では 16 万円になる (図 3.3.3)．しかし，最頻値を利用する場合には注意すべきことがある．まず，分布は単峰が好ましい．単峰でない場合は複数の最頻値が存在する可能性がある．また，データサイズもそれなりに必要で，データサイズが小さい場合は最頻値が偶然によって決まる場合がある．上の例ではデータサイズが十分とはいえず，最頻値を用いて議論することは適切ではない．

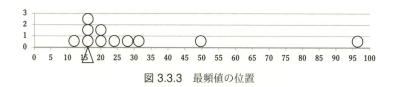

図 3.3.3　最頻値の位置

データの分布が単峰で左右対称である場合，図 3.3.4 (左図) のように 平均 = 中央値 = 最頻値 となり，これらは真ん中に位置する．非対称である場合，平均，中央値，最頻値はその場所が異なる．右に裾が長い場合，特殊な例外を除き，これらの順序は図 3.3.4 (右図) のように 最頻値 < 中央値 < 平均 となる．外れ値が大きいほど，平均は最頻値や中央値から右に大きく離れる．左に裾が長い場合，これらの順序は逆になる．

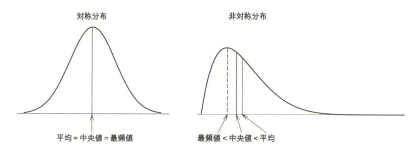

図 3.3.4　対称分布と非対称分布の平均，中央値，最頻値の位置

図 3.3.5 は，2016 年の貯蓄現在高階級別世帯分布 (二人以上の世帯) のデータである．この図から，平均は 1,820 万円，中央値は 1,064 万円，最頻値は 100 万円未満の階級となっていることがわかる．貯蓄額のような場合，非常に高額の貯蓄をしている少数の人によって平均が大きく影響されるため，平均 1,820 万円を下回る世帯が全体の 2/3 にもなる．このような貯金額，所得額などの経済データでは平均が意味をなさない．そのため，中央値や最頻値を用いて議論を

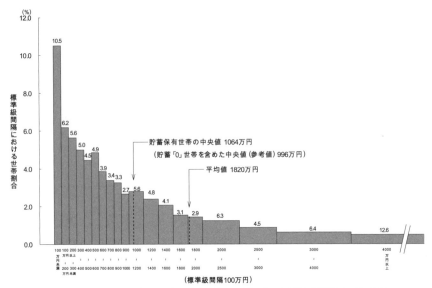

図 3.3.5 貯蓄現在高階級別世帯分布 (二人以上の世帯)(2016 年)[5]

することが多い．また，このヒストグラムの階級幅は等間隔でないため，1,000万円以上の各階級に対する相対度数の値と左にある目盛の値とは一致しない．

4) その他の平均　　ここでは加重平均，調和平均，幾何平均，トリム平均を説明する．

・**加重平均**　　ある大学での学食を考えてみる．A 定食は 400 円，B 定食は 300 円，C 定食は 260 円とする．これらの平均は (400 (円) + 300 (円) + 260 (円)) ÷ 3 = 320 (円) になる．"あなたの大学の定食の平均金額は？"と聞かれれば 320 円と答えてよい．しかし，"学生一人当たりの平均利用額は？"と聞かれた場合，学生の利用頻度を考慮する必要がある．1 日に

　　A 定食は 400 円で 400 人が利用，
　　B 定食は 300 円で 600 人が利用，
　　C 定食は 260 円で 1000 人が利用

している場合，各定食の値段にウエイト (重み) を考慮し，

$$(400(円) \times 400(人) + 300(円) \times 600(人) + 260(円) \times 1000(人))$$
$$\div (400(人) + 600(人) + 1000(人)) = 300(円)$$

---

5)　出典：総務省統計局

という計算をする．これを**加重平均**という．加重平均に対し，1) で示した平均のことを**単純平均**という．ウエイトに大きな差があると，加重平均と単純平均との差が大きくなり，ウエイトの差が小さいと単純平均と加重平均の差も小さくなる．

・**幾何平均**　　消費者物価指数の伸び率の平均について考える．3 年間の伸び率が 1.04 倍，1.04 倍，1.10 倍であったとき，平均伸び率を $(1.04+1.04+1.10)\div 3 = 1.06$ (倍) とするのは伸び率が意味することを考えるとおかしい．この場合，3 年間での伸びが $1.04 \times 1.04 \times 1.10 = 1.18976$ (倍) になったと考える．各年で平均的な伸び x に対し，3 年間で $x \times x \times x = 1.18976$ になったとすると，1.18976 の 3 乗根 $= 1.0596$ (倍) が x として適切な値であり，これを平均伸び率と考えるのが妥当である．このように，観測値 $x_1, x_2, \cdots, x_n$ に対して，$(x_1 \times x_2 \times \cdots \times x_n)^{1/n}$ と表される平均のことを**幾何平均**という．

・**調和平均**　　たとえば，片道 100 km の道のりを行きは時速 10 km で，帰りは時速 5 km で往復したとする．平均時速を単純に $(10+5)\div 2 = 7.5$ (km) と考えるのは間違いである．往復にかかった時間を考慮しなければならない．行きは $100\,(\mathrm{km})/10\,(\mathrm{km/時間}) = 10$ (時間) かかり，帰りは $100\,(\mathrm{km})/5\,(\mathrm{km/時間}) = 20$ (時間) かかる．つまり 200 km に対し，30 時間かかったわけであるから $200\,(\mathrm{km})/30\,(\mathrm{時間}) = 6.67\,(\mathrm{km/時間})$ となり平均時速は 6.67 km となる．これを 1 つの式で書き表すと，

$$\frac{200}{\frac{100}{10} + \frac{100}{5}} = \frac{2}{\frac{1}{10} + \frac{1}{5}} = 6.67$$

となる．このように，観測値 $x_1, x_2, \cdots, x_n$ に対して，

$$\frac{n}{\frac{1}{x_1} + \frac{1}{x_2} + \cdots + \frac{1}{x_n}}$$

と表される平均のことを**調和平均**という．

上記の 3 つの平均の間には

$$単純平均 \geq 幾何平均 \geq 調和平均$$

という関係があることが知られている．2 つの等号は観測値 $x_1, x_2, \cdots, x_n$ がすべて等しいときに成り立つ．

・**トリム平均**　　先のデータ「ある会社の全社員 (11 名) の月給」について再度，考える．

(万円)

| 12 | 16 | 16 | 16 | 20 | 20 | 24 | 28 | 32 | 50 | 96 |

44   3. データの記述 (1 変数)

　社員の平均月給は 30 万円となり，これを代表値とすべきでないことは説明した．一般に中央値や最頻値を使うが，ここではトリム平均を説明する．

　オリンピックの体操やフィギュアスケートなどにおける芸術点の審査方法は，審査員の得点の中で最高点と最低点を除いた合計を総得点として集計する．これは，審査員の主観によって点数が大きく影響されないようにしているからである．これが**トリム合計**である．トリム (trimmed) とは「刈り取った」という意味である．また，**トリム平均**とは，観測値の大きいほうからと小さいほうから α ％の観測値を取り除き，残った観測値の平均を求めるものである．正確には α ％トリム平均という．

　先の社員の月給の例について，大きな値 (96) と小さな値 (12) を 1 つずつ削除したときのトリム平均は 24.7 万円となる．中央値の 20 万円より少し大きな値ではあるが，平均の 30 万円より利用しやすい値になる．さらに，大きな値と小さな値を 2 つずつ削除して平均をだしたとき，トリム平均は 22.3 万円となり，徐々に中央値に近づく．

3.3.2　分布の形状の尺度 (散らばりの尺度)

　3.3.1 項では，データの代表値である平均，中央値，最頻値について述べた．成績を考えたとき，皆が平均点の近くの点数をとっている場合もあれば，平均点より離れた点数をバラバラととっている場合もある．平均点より 20 点よかったとしても，試験によってはトップの場合もあり，試験によっては上にまだまだ良い成績をとっている人がいる場合もある．統計学では，このデータ全体の散らばり方も理解することが重要である．代表値を意味する**位置の尺度 (位置の指標)** に加え，**散らばりの尺度 (散らばりの指標)** を追加して分布を考察すると，分布の特徴をより深く把握できる．ここでは，データの範囲，分散，標準偏差，四分位範囲などについて説明する．

　1) 範　囲　観測値を小さい順に並べ，一番小さい観測値を x_{MIN}，一番大きい観測値を x_{MAX} とおく．このとき，**範囲** R は次のように定義する．

$$\text{範囲:} \quad R = x_{\mathrm{MAX}} - x_{\mathrm{MIN}}$$

範囲はわかりやすい散らばりの尺度であるが，一番小さい観測値や一番大きい観測値が固定されている場合や，一方の値が全体に対して大きく離れている場合は使用できない．また，端点以外の他の観測値の情報がまったく反映されないため，次に示すデータ全体の様子を考えた分散や標準偏差が利用される．

3.3 基本統計量

―― 平均の間違い ――

世帯数 1000 のある地域で，子どものいる世帯主 (親) に子どもの数を尋ねたところ表 1 のようになった．このとき，子どもたちに自分を含めた兄弟姉妹の数を尋ねると表 2 のようになる．なお，話を簡単にするため全数調査を想定する．これらから，親に尋ねたときの子どもの平均は 2.25 人で，子どもに尋ねたときの兄弟姉妹の平均は 2.69 人になり，多くなる．

表 1 親に尋ねた子どもの数

子どもの数	世帯	割合
1 人	200	20%
2 人	500	50%
3 人	200	20%
4 人	50	5%
5 人	50	5%
	1000	100%

表 2 子どもに尋ねた兄弟姉妹の数

兄弟姉妹の数	子ども	割合
1 人	200	9%
2 人	1000	44%
3 人	600	27%
4 人	200	9%
5 人	250	11%
	2250	100%

平均は，対象となるものから 1 回ずつ (または同じ回数) 尋ねなければならない．子どものいる 1 世帯当たりの子どもの数を知りたいのであるなら，対象は子どものいる世帯である．1 世帯から代表となる者，たとえば，世帯主や一番上の子が回答するのが正しく，1 世帯にいる子どもすべてに聞くと，平均は目的とするものより大きな値をとる．同様に，家族の数，会社の社員数，大学の学生数などを一般の人 (構成員) に聞いて平均をとってはならない．それぞれ世帯主，社長，学長に聞いて平均をとるのが正しい．

アミューズメント施設の来場者に来場回数などを聞いて平均をとると，目的によっては間違いを起こすことになる．これはリピータ数の多い者を選ぶ確率が高くなるからである．新聞社では世論調査を RDD (Random Digit Dialing) 方式による電話調査で行うとき，対象となった世帯の電話回線の数を聞いて，統計的処理を行っている．電話回線が多いと選ばれる確率が高くなるからである．

2) 分　散　　分散 v は次のように定義する．

分散： $v = \dfrac{1}{n}\{(x_1 - \bar{x})^2 + (x_2 - \bar{x})^2 + \cdots + (x_n - \bar{x})^2\}$

$= \dfrac{1}{n}\sum_{i=1}^{n}(x_i - \bar{x})^2$

この式は "各々の観測値と平均との差を 2 乗したものの平均" と考えればよい[6]．

---

6) 第 5 章以降で用いる分散は n で割るのではなく，$n-1$ で割る．これを**不偏分散**という．

たとえば，平均から -3 離れていても，$+3$ 離れていても，同じ離れ方をしていると解釈するために 2 乗する．上式は簡単な式変形によって

$$v = \frac{1}{n}(x_1^2 + x_2^2 + \cdots + x_n^2) - \bar{x}^2 = \frac{1}{n}\sum_{i=1}^{n} x_i^2 - \bar{x}^2$$

と書き表すこともできる．

証明

$$\begin{aligned}
v &= \frac{1}{n}\{(x_1 - \bar{x})^2 + (x_2 - \bar{x})^2 + \cdots + (x_n - \bar{x})^2\} \\
&= \frac{1}{n}\{(x_1^2 - 2x_1\bar{x} + \bar{x}^2) + (x_2^2 - 2x_2\bar{x} + \bar{x}^2) + \cdots + (x_n^2 - 2x_n\bar{x} + \bar{x}^2)\} \\
&= \frac{1}{n}\{(x_1^2 + x_2^2 + \cdots + x_n^2) - 2\bar{x}(x_1 + x_2 + \cdots + x_n) + n\bar{x}^2\} \\
&= \frac{1}{n}\{(x_1^2 + x_2^2 + \cdots + x_n^2) - 2n\bar{x}^2 + n\bar{x}^2\} \\
&= \frac{1}{n}(x_1^2 + x_2^2 + \cdots + x_n^2) - \bar{x}^2 \qquad\qquad \square
\end{aligned}$$

しかし，実際の値の計算においては，平均の丸め誤差の影響で数値が異なる可能性がある．

3) 標準偏差　標準偏差 s は分散 v の正の平方根であり，

$$\text{標準偏差：} \quad s = \sqrt{v}$$

と定義する[7]．分散の値は，観測値と平均との差を 2 乗することによって値が必要以上に大きくなる．その値をもとに戻すために平方根を作用させたものと考えるとよい．分散と標準偏差は，値が大きいほどデータが散らばっていると考える．標準偏差が観測値と同じ単位をもつことは重要な性質である．たとえば，観測値の単位が cm や kg ならば標準偏差の単位も cm や kg となる．このため，標準偏差は 3.4 節で説明する標準化で重要な役割を担う．

4) 範囲，分散，標準偏差の関係　いままで説明したことをもう少し具体的に考える．次の例は 100 点満点試験での学生の成績である．ここで，A〜D はそれぞれ 5 名が所属するクラス名である．

$$\begin{array}{llllll}
\text{A}: & 30, & 40, & 50, & 60, & 70 \quad (\text{点}) \\
\text{B}: & 10, & 30, & 50, & 70, & 90 \quad (\text{点}) \\
\text{C}: & 0, & 40, & 50, & 60, & 100 \quad (\text{点}) \\
\text{D}: & 0, & 10, & 50, & 90, & 100 \quad (\text{点})
\end{array}$$

---

7) $v = s^2$ なので，分散を s^2 と表すこともある．

これらのクラスの平均を計算するとすべて 50 点であって，平均だけでは 4 つのクラスの差は見いだせない．範囲を計算してみると，クラス A は $70-30=40$ (点)，とクラス B は $90-10=80$ (点) となるが，クラス C と D の範囲はともに 100 点であって，平均と範囲でもクラス C と D の違いがわからない．しかし，最小値と最大値以外の観測値の状態をみればわかるように，中の 3 人の点のあり様が異なる．分散と標準偏差を計算すると次のようになる．

A： 分散 $v=200$，　標準偏差 $s=14.1$ (点)
B： 分散 $v=800$，　標準偏差 $s=28.3$ (点)
C： 分散 $v=1040$，標準偏差 $s=32.2$ (点)
D： 分散 $v=1640$，標準偏差 $s=40.5$ (点)

分散の値や標準偏差の値により，A，B，C，D の順に散らばりが大きくなることがわかる．実際の散らばりのイメージを値でとらえる場合，標準偏差のほうがわかりやすく，標準偏差は次に示すようなことにも利用される．

5) 68–95–99.7 ルール　　平均と標準偏差によって，ある範囲に含まれる観測値のおおよその割合がわかる．たとえば，A 国の 20 歳男性の身長は，平均 $\bar{x}=170$ (cm)，標準偏差 $s=5$ (cm) でベル型の分布であるとする．平均を中心とし，$\pm s$ の間 (つまり，165 cm～175 cm) に観測値が含まれる割合は約 68 %，$\pm 2s$ の間 (つまり，160 cm～180 cm) で約 95 %，$\pm 3s$ の間 (つまり，155 cm～185 cm) で約 99.7 %になる (図 3.3.6)．このことは，平均と標準偏差の値に関係なく成り立つ．これを **68–95–99.7 ルール**[8] とよび，覚えておくと便利である．

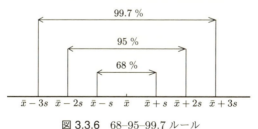

図 3.3.6　68–95–99.7 ルール

---

[8] 68–95–99.7 ルールが正確に成り立つのは，分布が正規分布に従うときである．(正規分布については 5.3.3 項で詳しく説明する．)

3.3.3 5数要約と箱ひげ図

上に述べた 68–95–99.7 ルールはベル型の分布について成り立つものである．右または左に裾が長い分布についてはこのようなルールはないので，**5数要約**や**四分位範囲**などを利用する．

観測値を小さい順に並べ，前から 4 分の 1 ずつの場所にある値を**第 1 四分位数** (Q_1)，**第 2 四分位数** (Q_2)，**第 3 四分位数** (Q_3) という．第 2 四分位数は中央値である．これらに最小値と最大値を加えたものを **5 数**とよび，5 つをまとめて分布の特徴を示すことを **5 数要約**という．また，第 3 四分位数から第 1 四分位数を引いた**四分位範囲** (IQR) を次のように定義する．

$$\text{四分位範囲：} \quad IQR = Q_3 - Q_1$$

第 1 四分位数と第 3 四分位数を求める方法はいくつかあり，使用する統計分析用ソフトウエアによって多少の差があるが，あまり窮屈に考えず，それぞれの値がどの程度であるかを理解することが重要である．

定義から明らかであるが，四分位範囲の中に存在する観測数は全体の約半数となる．同じような考え方で，小さいほうから 10 分の 1 と，大きいほうから 10 分の 1 の場所にある観測値の差をとることもあり，これを**十分位範囲**という．十分位範囲の中に存在する観測数は全体の約 80 ％となる．

四分位範囲を視覚的に表現したものが**箱ひげ図**である．Q_1, Q_2, Q_3 を用いて「箱」をつくる．通常，最小値と最大値までの部分を「ひげ」として表す (図 3.3.7)．

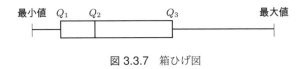

図 3.3.7 箱ひげ図

複数のデータを比較したいときには，箱ひげ図を横や縦に並べる．たとえば，図 3.3.8 で示した箱ひげ図では，X の中央値は Y と比較して小さく，X の四分位範囲は Y と比較して広く，範囲も X のほうが広く，散らばりが大きいことがわかる．

外れ値を示す方法として，図 3.3.9 のような箱ひげ図が利用される．これは，DAP データの価格について示したものである．箱の Q_1 からの「ひげ」は，$Q_1 - 1.5 \times IQR$ 以上の最小の観測値まで (この例では，最小値と等しい)，また Q_3 からの「ひげ」は $Q_3 + 1.5 \times IQR$ 以下の最大の観測値まで延ばし，こ

3.3 基本統計量

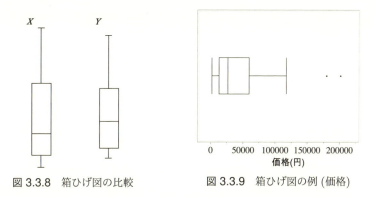

図 3.3.8　箱ひげ図の比較　　図 3.3.9　箱ひげ図の例 (価格)

れらの範囲を超える観測値を丸印や星印などで示す．図 3.3.9 では大きいほうに 2 つの外れ値があることがわかる．

DAP データの価格に関する各基本統計量を表 3.3.1 にまとめる．

表 3.3.1　価格の要約

平　　均	40,704
中央値 (メジアン)	26,768
最小値	2,100
最大値	201,280
範　　囲	199,180
分　　散	1,443,094,474
標準偏差	37988.08
第 1 四分位数	13,510
第 3 四分位数	59,731
四分位範囲	46,221

3.3.4　変 動 係 数

平成 27 年度学校保健統計調査によると，15 歳男子の身長，体重および座高の平均と標準偏差が次のように示されている．

　身長：平均 $\bar{x} = 168.3$ (cm)，標準偏差 $s = 5.96$ (cm)
　体重：平均 $\bar{x} = 59.0$ (kg)，　標準偏差 $s = 10.58$ (kg)
　座高：平均 $\bar{x} = 90.4$ (cm)，　標準偏差 $s = 3.47$ (cm)

男女の身長や，国別の身長のように，2 つ以上の同じ内容を調査したデータの散らばりは標準偏差で比較する．しかし，身長と体重のように単位が異なる

データ，身長と座高のようにもとの大きさに差があるデータにおいて，これらの散らばりを比較するとき，標準偏差による比較は無意味である．このようなデータ間の比較には**変動係数**を用いる．変動係数は次のように定義する．

$$変動係数 = \frac{s}{\bar{x}} \quad (100 をかけて \% 表現にすることもある)$$

この式からわかるように，変動係数は平均を1としたとき，標準偏差がどの程度になるかを測ったものと考えられる．身長，体重および座高に対して変動係数を求めると，それぞれ3.5 %，17.9 %，3.8 %となる．これより，体重の変動が一番大きく，身長と座高はおおよそ同じであることがわかる．

本来，変動係数は生物のさまざまな大きさの変動について考案されたものであり，観測値が負や0の値をとることを前提としていない．そのため，変動係数は正の値をとる比例尺度についてのみ定義される．

3.4 標準化と標準化得点

3.3.2項の68–95–99.7ルールの説明にもあるように，ベル型のデータでは平均を中心とし，標準偏差を1単位ととらえることによって，各観測値が平均からどの程度離れているかを知ることができる．このことが，統計学のなかでさまざまな応用につながる．ここでは，標準化得点 (Z 値) と偏差値について説明する．

1) 標準化得点 (Z 値) 観測値 $x_1, x_2, \cdots, x_n$ に対して，**標準化得点** z_i は次のように定義する．

$$標準化得点： \quad z_i = \frac{観測値 - 平均}{標準偏差} = \frac{x_i - \bar{x}}{s} \quad (i = 1, 2, \cdots, n)$$

この値は無名数であり，平均を0に標準偏差を1単位としたときの観測値 x_i の全体における位置を表す．異種のデータの観測値の単位は一般に異なり (身長はcm，体重はkgなど)，平均も標準偏差も異なる．これらのデータの観測値を比較するには観測値全体を標準化する必要がある．たとえば，ある人の身長と体重の標準化得点がともに1.0となったとする．このことは，身長も体重も"平均より標準偏差1つ分大きいところ ($\bar{x} + s$) にある"ことがわかり，68–95–99.7ルールから，この人は身長も体重も大きいほうから約16 %のところに位置する．

計算練習として，次のような問題を考える．15歳の男性Aさんの身長は175cm，体重は75 kgである．それぞれの平均と標準偏差は3.3.4項で示したよう

偏差値にある勘違い

Aさんのクラスには A さんを含め 10 人いる．次の 3 つの試験結果のなかで，A さんの偏差値が一番大きいのはどれであろうか？ ただし，どの試験も 100 点満点であるとする．

① A さんは 1 点，他の 9 人は 0 点
② A さんは 10 点，他の 9 人は 5 点
③ A さんは 100 点，他の 9 人は 1 点

それぞれの平均と標準偏差は，① 0.1, 0.3，② 5.5, 1.5，③ 10.9, 29.7 であり，A さんの偏差値はすべて 80 である．

① のように 1 点違っても，③ のように 99 点違っても，ある 1 人が他より良い点で，他の人 (何人でもよい) が同じ点である場合，最初の 1 人の偏差値は同じになる．このようなことが起こるのは，もとのデータがベル型でなかったためである．標準化をする際は，分布の形状について注意する必要がある．

に，身長：$\bar{x} = 168.3$ (cm)，標準偏差 $s = 5.96$ (cm)，体重：平均 $\bar{x} = 59.0$ (kg)，標準偏差 $s = 10.58$ (kg) である．これより標準化得点を求めると，身長は $z = \frac{175 - 168.3}{5.96} = 1.12$，体重は $z = \frac{75 - 59.0}{10.58} = 1.51$ となり，身長より体重のほうが全国平均より離れていることがわかる．

2) 偏差値　学力を測る方法として用いられる**偏差値**は，標準化得点の応用である．偏差値の定義は次のとおりで，試験の平均と標準偏差を用いて，個人の得点に対する標準化得点に 10 をかけて 50 を加える．

$$\text{偏差値} = 50 + \frac{\text{得点} - \bar{x}}{s} \times 10$$

たとえば，国語の平均，標準偏差がそれぞれ $\bar{x} = 45$ (点)，$s = 5$ (点)，また，数学の平均，標準偏差がそれぞれ $\bar{x} = 40$ (点)，$s = 10$ (点) であり，どちらの教科も 60 点をとった学生がいるとする．それぞれの偏差値は次のようになる．

$$\text{国語}: 50 + \frac{60 - 45}{5} \times 10 = 80, \quad \text{数学}: 50 + \frac{60 - 40}{10} \times 10 = 70$$

これは国語の標準偏差が数学に比べて小さいこと (つまり，国語の点数のほうが平均のまわりに値があること) から，国語の平均との差 15 点のほうが，数学の差 20 点より離れた位置にあることになる．そのため，同じ 60 点であっても国語のほうがよくできたといえる (図 3.4.1)．

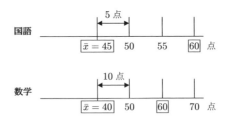

図 3.4.1 2つの得点の偏差値の違い

3.5 時系列データのグラフ表現

1.4.2項で説明した時系列データのグラフ表現には折れ線グラフを用いる．時系列データの値をそのまま示すこともあるが，時間による変化を比較するため，指標や変化率による表現方法がある．1.4.2項で用いた「交通事故発生状況の50年間の推移 (1966–2015)」のデータ (図 1.4.1 再掲) を利用して，これらを説明する．

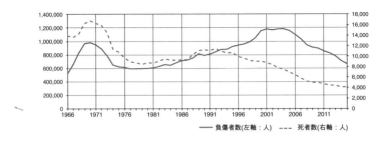

図 1.4.1 (再掲) 交通事故発生状況の推移 (1966–2015)

1) 指　数　ある時点を基準時点として各時点の値を評価するのが**指数**である．

$$\text{指数}：\frac{\text{各時点の値}}{\text{基準時点の値}}$$

これを 100 倍した値を用いることもある．図 3.5.1 は 1970 年を基準時点とした指数を用いたグラフである．2000 年〜2005 年あたりに興味深いことが読みとれる．それは負傷者数にピークがある一方で，死者数はそれまでと比較して数が少なく，かつ減少していることである．これは，事故数はさほど減っていないが，シートベルト着用の普及やエアバッグの効果，救急治療の進歩などが死者の減少に関係していると考えられる．

3.6 発展的な話題

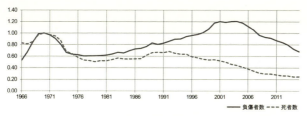

図 3.5.1　交通事故発生状況の推移 (指数)(1966–2015)

2) 変化率　現時点を前時点と比較するにはいくつかの評価方法があるが，前時点を基準とした現時点変化の値を示すのが**変化率**である．

$$変化率：\frac{現時点の値 - 前時点の値}{前時点の値}$$

変化率は正の値であれば，前時点より現時点のほうが大きな値をとり，負の値であれば，前時点より現時点のほうが小さな値をとることがわかる．この例の場合，2005 年より負傷者数も死者数も変化率が負の値をとることから，2005 年より，どちらも年々減少していることがわかる．

現時点を前時点と比較するために，変化率の分子 (現時点の値 - 前時点の値) をグラフにして示すことにも意味がある．時系列データを表現する場合は，何を表現したいかという目的を定めて指数や変化率を用いる必要がある．

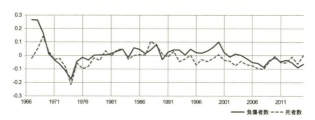

図 3.5.2　交通事故発生状況の推移 (変化率)(1966–2015)

3.6　発展的な話題

ここでは，度数分表を用いて平均，分散，標準偏差などの値の概算を求める方法と，正規分布からのずれを示す歪度 (ゆがみ度) と尖度 (とがり度) を説明する．

3.6.1 度数分布表とそれぞれの値

度数分布表から，平均，分散，標準偏差などの値の概算を求める方法について述べるまえに，表 3.6.1 に示すデータについて考える．この表は，工場 A に工員 35 名が働いており，ある仕事を処理するのにそれぞれが必要とする時間の分布を示している．

表 3.6.1 工員 35 名の処理時間

所要時間 (時間)	3	4	5	6	7	8
人数 (人)	5	8	10	8	2	2

全工員の平均処理時間 $\bar{x}$ は，所要時間が 3 時間である工員が 5 人，4 時間が 8 人，… と複数人いることを利用して平均を求める．つまり，次のような計算が成り立つ．

$$\bar{x} = \frac{1}{35}(3 \times 5 + 4 \times 8 + \cdots + 8 \times 2) = \frac{175}{35} = 5$$

これより，平均処理時間は 5 時間となる．同じように分散 v は，

$$v = \frac{1}{35}\{(3-5)^2 \times 5 + (4-5)^2 \times 8 + \cdots + (8-5)^2 \times 2\} = \frac{62}{35} = 1.77$$

となり，標準偏差 $s = \sqrt{v} = 1.33$ (時間) となる．表 3.6.1 は，一般に表 3.6.2 のように書くことができる．

表 3.6.2 表 3.6.1 の一般形

値 x_i	x_1	x_2	$\cdots$	x_k
度数 f_i	f_1	f_2	$\cdots$	f_k

このとき，平均 $\bar{x}$ と分散 v はそれぞれ，

$$\bar{x} = \frac{1}{n}(x_1 f_1 + x_2 f_2 + \cdots + x_k f_k) = \frac{1}{n}\sum_{i=1}^{k} x_i f_i,$$

$$v = \frac{1}{n}\{(x_1 - \bar{x})^2 f_1 + (x_2 - \bar{x})^2 f_2 + \cdots + (x_k - \bar{x})^2 f_k\} = \frac{1}{n}\sum_{i=1}^{k}(x_i - \bar{x})^2 f_i$$

または，

$$v = \frac{1}{n}(x_1^2 f_1 + x_2^2 f_2 + \cdots + x_k^2 f_k) - \bar{x}^2 = \frac{1}{n}\sum_{i=1}^{k} x_i^2 f_i - \bar{x}^2$$

となる．ここで，$n = f_1 + f_2 + \cdots + f_k$ (度数の総数) である．

3.6 発展的な話題 55

　同じような考え方によって，表 3.2.2 の度数分布表を用いて，平均，分散，標準偏差などの概算を求める．表 3.6.3 はその求め方を示した表である．計算を簡単にするため，単位を千円とした．

　まず，各階級の代表値 (階級値) を考える．一般に，階級の真ん中の値を採用する．表 3.6.3 の 2 列目に代表値を示す．3 列目は度数である．4 列目は平均を計算するための列で，代表値と度数をかけ合わせた値を記す．合計 4080 (千円) を 102 で割ると 40.0 (千円) となり，実際の平均 40,704 円と比較するとほとんど差のない値である．5 列目と 6 列目は分散を計算するための場所である．6 列目の合計 139800 を 102 で割ると 1370.6 と分散が求まり，標準偏差は 37.0 (千円) である．これらも実際の標準偏差 38.0 (千円) と比較すると，あまり差がないことがわかる．

　この表より，中央値の概算も求めることができる．中央値は小さいものから 51 番目と 52 番目の値があるところなので，2 つ目の階級の代表値の 30 (千円) となる．実際の中央値は 26.8 (千円) である．

表 3.6.3　度数分布表の例 (価格)

階級間隔 (千円)	代表値 x_i	度数 f_i	$x_i f_i$	$(x_i - \bar{x})^2$	$(x_i - \bar{x})^2 f_i$
0 ～ 20	10	38	380	900	34200
20 ～ 40	30	30	900	100	3000
40 ～ 60	50	10	500	100	1000
60 ～ 80	70	10	700	900	9000
80 ～ 100	90	5	450	2500	12500
100 ～ 120	110	7	770	4900	34300
120 ～ 140	130	0	0	8100	0
140 ～ 160	150	0	0	12100	0
160 ～ 180	170	1	170	16900	16900
180 ～ 200	190	0	0	22500	0
200 ～ 220	210	1	210	28900	28900
合　計		102	4080		139800

3.6.2　歪度と尖度

　1) 歪度　分布が平均に対して対称であるか，非対称であるかを調べる尺度として，歪度 (ゆがみ度) がある．

歪度：
$$\frac{\frac{1}{n}\{(x_1 - \bar{x})^3 + (x_2 - \bar{x})^3 + \cdots + (x_n - \bar{x})^3\}}{s^3} = \frac{1}{n}\sum_{i=1}^{n}\left(\frac{x_i - \bar{x}}{s}\right)^3$$

ここで，s は標準偏差で，この式からわかるように，左右対称のとき，歪度 $= 0$ となる．図 3.6.1 にあるように，歪度 > 0 のときは右に裾が長く，歪度 < 0 のときは左に裾が長い．

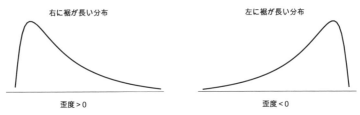

図 3.6.1 歪度の正負と裾の関係

2) 尖度　統計学では，5.3 節でふれる正規分布をはじめ，さまざまな分布を理解しておく必要がある．各分布が正規分布よりどの程度，乖離しているかが問題となることが多く，先に述べた歪度と尖度 (とがり度) が使われる．分布の山が 1 つ (単峰) であるとき，裾の広がりを示すのが尖度である．名前は尖度であるが，裾の広がりとして解釈するのがよい．

$$\text{尖度}: \frac{\frac{1}{n}\{(x_1-\bar{x})^4+(x_2-\bar{x})^4+\cdots+(x_n-\bar{x})^4\}}{s^4} - 3$$

$$= \frac{1}{n}\sum_{i=1}^{n}\left(\frac{x_i-\bar{x}}{s}\right)^4 - 3$$

後述する正規分布は必ず 尖度 $= 0$ となる．テキストによっては式の最後にある 3 を引かないこともある．そのときは，正規分布の 尖度 $= 3$ となる．図 3.6.2 にあるように，尖度 < 0 のときは裾が短く，尖度 > 0 のときは裾が長い．

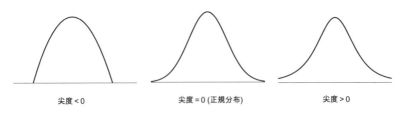

図 3.6.2 尖度の正負と裾の関係

3.6 発展的な話題　　　　　　　　　　　　　　　　　　　　　　　　57

演習問題 3

1. 次の表は，バレーボール 2017 年度全日本女子チーム選手 (26 名) の身長と体重の
データである．

(単位：身長 (cm)，体重 (kg))

番号	身長	体重	番号	身長	体重
1	180	66	14	179	65
2	187	76	15	171	70
3	173	64	16	183	70
4	186	78	17	164	55
5	177	61	18	162	53
6	180	68	19	180	73
7	166	53	20	180	69
8	182	77	21	177	67
9	176	67	22	173	61
10	176	57	23	179	64
11	174	61	24	178	66
12	177	66	25	170	73
13	188	71	26	180	70

(出典：日本バレーボール協会)

(1) 身長について，下の表を用いて度数分布表にまとめ，それに基づくヒストグラム
を描け．ヒストグラムからわかることを述べよ．さらに，相対度数と累積相対度数を表
にまとめよ．

階級間隔 (cm)	度数 (名)	相対度数	累積相対度数
160 以上　165 未満			
165 以上　170 未満			
170 以上　175 未満			
175 以上　180 未満			
180 以上　185 未満			
185 以上　190 未満			
合　計			

(2) 身長のデータから累積分布図を描け．

(3) 身長と体重について，基本統計量 (平均，中央値，範囲，分散，標準偏差) を求め
よ．また，それぞれの変動係数を求め考察せよ．

(4) 身長について，第 1 四分位数と第 3 四分位数を求め，箱ひげ図を描け．

(5) 番号 7 の選手の身長と体重の標準化得点を求めよ．

2. 次の表は，国内郵便物取扱数とそのうちの年賀状数の推移を示したデータである．
また，最後の列には年賀状の割合＝(年賀状数/国内郵便物取扱数)×100 (%) を示した．

(単位：100 万)

年度	国内郵便	年賀状	割合
1990	22,338	3,510	15.70%
1995	24,263	3,609	14.90%
2000	26,114	3,615	13.80%
2005	22,666	3,120	13.80%
2009	20,521	2,856	13.90%
2010	19,758	2,812	14.20%
2011	19,058	2,677	14.00%
2012	18,814	2,613	13.90%
2013	18,525	2,532	13.70%
2014	18,142	2,432	13.40%
2015	17,981	2,351	13.10%
2016	17,684	2,237	12.60%

(出典：日本郵政株式会社「日本郵政グループ ディスクロージャー誌」)

(1) 図 A，図 B，図 C は，国内郵便物取扱数と年賀状数を折れ線グラフで表した図，1990 年を基準時点とした指数を示した図，誤った図のいずれかである．それぞれどれにあたるかを答えよ．

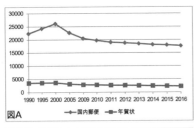

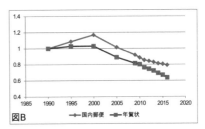

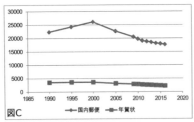

(2) 国内郵便物取扱数と年賀状数について，2015 年から 2016 年にかけての変化率を求めよ．

(3) この表から「2010 年以降，国内郵便物取扱数も年賀状数も年々減っているが，その減り方は年賀状のほうが大きい」という考察をした．表の何からわかるか述べよ．

4 章

データの記述 (2変数)

　本章では，個人や個体から 2 つの値 (x, y) が調査される場合のデータ分析について説明する．このようなデータは，**2 変数 (2 変量) データ**，対のデータ，**2 次元データ**とよぶ[1]．2 変数データについては，2 変数ともに質的変数である質的データと，2 変数ともに量的変数である量的データに分けることができる．

　ある商品に対して，男女に分け，満足・不満足を調査した場合，男女も満足・不満足も質的変数である 2 変数質的データになる．2 変数質的データはクロス集計表にまとめることができる．この内容については 4.1 節で詳しく述べる．

　身体測定では，各人の身長，体重，座高，胸囲などいくつかの値を調べる．また，期末試験では，国語，数学，英語のようにいくつかの試験を行う．このように一人からいくつかの量的変数を調べた量的データはよく目にするが，これらの値がお互いにどのような関係があるのかを知ることが重要となる．この内容については 4.4 節と 4.5 節で詳しく述べる．

　さらに，身長，体重，座高，胸囲などの変数は男女によって異なるため，男女に分けてこれらの変数を考察したり，男女の特徴を比較したりする．質的変数でデータをいくつかに分割することを**層別 (層化)** という．層別することによって，量的データの深い考察が可能となる．これについては 4.3 節で説明する．

4.1　質的データの集計

　第 3 章で用いた DAP データ (表 3.0.1) の価格と外部メモリの有無を使って質的データについて述べる．価格は量的変数であるが，40,000 円未満であるとき「安い」，40,000 円以上であるとき「高い」と 2 値で示すと 2 値変数となる．外部メモリは表にあるように「有」と「無」の 2 値変数である．これらをまとめた表 4.1.1 を**クロス集計表 (分割表)** という．どのようなクロス集計表を示しているかを正確に示すために，**2 × 2 クロス集計表**ということもある．たとえ

---

　1)　2 つ以上の変数をもつデータを**多変数 (多変量) データ**という．3 変数以上のデータについては 2 つずつ変数を組み合わせることによって分析する方法と，これらの一部またはすべての変数を同時に分析する方法がある．後者については「多変量解析」の入門書を参考にされたい．

ば，表 4.1.1 の「安い，高い」を「安い，どちらでもない，高い」という 3 値変数で表した場合，2 × 3 クロス集計表となる．

この表から，外部メモリが無く，安い機種は 47 機種あることがわかる．行と列の交わりの場所を**セル**とよび，そこにある数値が 2 つの条件を満たす機種の数 (度数) である．周辺には列合計，行合計を示す．これらを**周辺度数**という．さらに，総合計を示すことによってデータサイズがわかる．

表 4.1.1　外部メモリの有無と価格のクロス集計表

外部メモリ ＼ 価格	安い	高い	計
無	47	4	51
有	21	30	51
計	68	34	102

表 4.1.1 のクロス集計表をみると (無，安い) と (有，高い) のセルの度数が多く，外部メモリの有無と価格には何らかの関係があるように考えられる．このことをパーセント表現により考察する．

パーセント表現には 3 つの種類がある．表 4.1.2 は各セルの度数を行合計で割ったものである[2]．「外部メモリの有無」を条件とし，「価格の安い高い」の割合を示す．表 4.1.3 は，各セルの度数を列合計で割ったものである[3]．「価格の安い高い」を条件とし，「外部メモリの有無」の割合を示す．さらに表 4.1.4 は，各セルの度数を総合計で割ったものである[4]．全体に対する各セルの割合を示す．いずれのパーセント表現をみても，外部メモリの有無と価格に関係性がみられる．通常，外部メモリの有無などの機種の性能によって価格が決まると考えられるので，表 4.1.2 を用いて比較するのがよい．つまり，原因を条件とし，結果の割合を考察する．このように，クロス集計表を用いる場合には原因と結果を意識してパーセント表現を考える．

表 4.1.2　「外部メモリの有無」を条件とした「価格の安い高い」の割合

外部メモリ ＼ 価格	安い	高い	計
無	92.2%	7.8%	100.0%
有	41.2%	58.8%	100.0%

---

2)　行パーセントともよぶ．
3)　列パーセントともよぶ．
4)　総パーセントともよぶ．

4.2 量的データの集計とグラフ表現

表4.1.3 「価格の安い高い」を条件とした「外部メモリの有無」の割合

外部メモリ ＼ 価格	安い	高い
無	69.1%	11.8%
有	30.9%	88.2%
計	100.0%	100.0%

表4.1.4 各セルの割合

外部メモリ ＼ 価格	安い	高い	計
無	46.1%	3.9%	50.0%
有	20.6%	29.4%	50.0%
計	66.7%	33.3%	100.0%

2×2 クロス集計表を用いた**オッズ比**という考え方がある．表4.1.2 からオッズ比を求める手順を示す．外部メモリが無いことにより価格が安くなる比率であるオッズを $0.922/0.078 \fallingdotseq 11.8$ と定義し，外部メモリが有ることにより価格が安くなる比率であるオッズを $0.412/0.588 \fallingdotseq 0.7$ と定義する．オッズ比をこれらの比と定義すると，$11.8/0.7 \fallingdotseq 16.8$ となる．これは外部メモリが無いことによって価格が安くなることが，外部メモリが有ることによって価格が安くなることの16.8倍になることを意味する．この値が1より大きく離れるほど関係性があると考えてよい．

オッズ比の計算は表4.1.1，表4.1.2，表4.1.3，表4.1.4 のいずれを用いても同じ計算結果となるので，表4.1.1 から簡単に $(47 \times 30)/(4 \times 21) \fallingdotseq 16.8$ と，セルの「たすき掛け」の比で計算してもよい．オッズ比を計算したいときは，興味あるセルの度数が左上になるようクロス集計表を作成するとわかりやすい．本例では"外部メモリが無いことによって価格が安くなること"を興味の対象としている．

4.2 量的データの集計とグラフ表現

表4.2.1 は，25人の成人男性の身長と体重のデータである．このままでは身長と体重にどのような関係があるのかはわからない．身長と体重についていくつかの階級に分け，両方の階級に含まれる男性の数 (度数) を示したものが表4.2.2 である．一番右の列は各値を身長の階級ごとに合計したものであり，一番

62　　　　　　　　　　　　　　　　　　　　4.　データの記述 (2 変数)

表 4.2.1　成人男性の身長 (cm) と体重 (kg)

(175, 63)	(176, 62)	(176, 68)	(179, 63)	(175, 64)
(171, 60)	(168, 60)	(170, 62)	(177, 63)	(163, 53)
(167, 55)	(177, 65)	(177, 69)	(167, 56)	(180, 63)
(172, 65)	(171, 63)	(176, 64)	(173, 70)	(180, 70)
(165, 53)	(170, 62)	(180, 73)	(177, 61)	(172, 69)

下の行は各値を体重の階級ごとに合計したものである．これらは各変数の度数分布ととらえることができ，**周辺度数分布**という．このような 2 次元の表を**相関表**という．

表 4.2.2　成人男性の身長と体重の相関表

身長 (cm)	体重 (kg)					合計
	50〜54	55〜59	60〜64	65〜69	70〜74	
160〜164	1					1
165〜169	1	2	1			4
170〜174			4	2	1	7
175〜179			7	3		10
180〜			1		2	3
合　計	2	2	13	5	3	25

　身長と体重を $(x, y) = ($身長, 体重$)$ とし，横軸に身長，縦軸に体重をとって 2 次元平面に各点を布置し作図する．このように 2 変数データを 2 次元平面上に表した図のことを**散布図**という．図 4.2.1 は横軸に身長，縦軸に体重をとって描いた散布図であり，図 4.2.2 は横軸に体重，縦軸に身長をとって描いた散布図である．表 4.2.1 を表 4.2.2 のように相関表にして考察することもあるが，散布図のほうが視覚に訴えることができる．ただし，同じ数値のペアが多く出現する場合は相関表のほうがよい．

　散布図のような平面座標では，横軸に原因，縦軸に結果を示すことが多い．このことに気をつけると，身長が体重に影響を与えると考えるほうが常識的であるので図 4.2.1 のほうがよいといえる．因果関係が明確な場合は軸の意味に関して注意したほうがよいが，2 変数データのなかにはどちらが原因で，どちらが結果であるかがわからないものが多い．その場合は特に決まりがあるわけではない．

　図 4.2.1 でも図 4.2.2 でも，身長が高いと体重が重く，体重が重いと身長が高いことがわかる．軸に対する変数を入れ替えても "一方が大きくなると，もう

4.3 層別を利用したグラフ表現

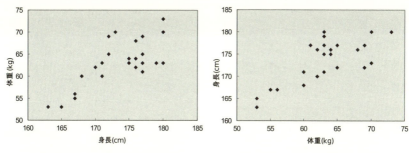

図 4.2.1 成人男性の身長と体重の関係 (横軸：身長，縦軸：体重)

図 4.2.2 成人男性の身長と体重の関係 (横軸：体重，縦軸：身長)

一方が大きくなる傾向"があることには変わりはない．このような関係がみられる場合，**正の相関**があるという．逆に，"一方が大きくなると，もう一方が小さくなる傾向"があるとき，**負の相関**があるという．どちらでもないとき，**無相関**という．相関関係があるか否かは相関表からもわかる．

相関関係を数値としてとらえる方法として相関係数があるが，相関係数については 4.4 節で説明する．

4.3 層別を利用したグラフ表現

4.2 節では，成人男性の身長と体重について考察した．ここでは，もう 1 つデータを増やして考察する．表 4.3.1 は 25 人の成人女性の身長と体重である．図 4.3.1 に男性と女性に対する散布図を並べて示す．

表 4.3.1 成人女性の身長 (cm) と体重 (kg)

(156, 50)	(165, 48)	(155, 45)	(160, 53)	(163, 49)
(164, 49)	(164, 48)	(160, 45)	(161, 49)	(156, 45)
(165, 50)	(160, 50)	(160, 45)	(167, 57)	(160, 52)
(160, 49)	(162, 52)	(153, 49)	(154, 44)	(154, 42)
(156, 42)	(156, 42)	(157, 46)	(159, 45)	(163, 54)

男女の比較をするには各々を散布図で示すより，マークを区別し 1 つのグラフとして示すとよい．図 4.3.2 の散布図から，上方に男性が，下方に女性がいることがわかる．このような図を**層別した散布図**という．

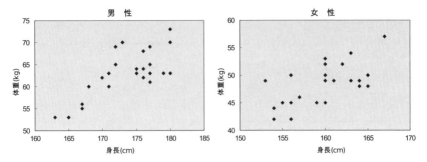

図 4.3.1 身長と体重の散布図 (男性と女性の比較)

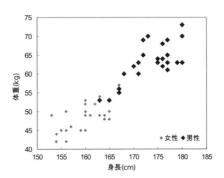

図 4.3.2 身長と体重の層別した散布図

層別して示すものとして有名なのが人口ピラミッドである (図 4.3.3). 左に男性, 右に女性の年齢別ヒストグラムが示される.

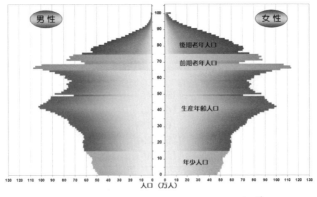

図 4.3.3 日本の人口ピラミッド (2015 年)[5]

---

5) 出典：国立社会保障・人口問題研究所ホームページ (http://www.ipss.go.jp/)

4.4 相関係数

4.2 節の例では身長と体重の散布図から，どちらかが大きくなると，もう一方も大きくなることがわかり，このような関係を「正の相関」があるということを説明した．より正確にいうならば，正の相関とは，変数間の関係が直線的であり，その線の傾きが正の方向であることをいう．また，負の相関とは，変数間の関係が直線的であり，その線の傾きが負の方向であることをいう．2 つの変数間の関係に 2 次曲線のような曲線の関係があっても，無相関とされる可能性があり注意が必要である．

相関関係を考えるときには，正の相関，負の相関，無相関の 3 つについて理解する必要がある．これらのおおよその様子を図 4.4.1 に示す．また，相関がある場合でも，顕著に直線的な関係がある場合と，さほど明確でない場合がある．直線に近いほど**強い相関**があるといい，円に近いほど**弱い相関**があるという．正の相関についてそのおおよその状態を図 4.4.2 に示す．負の相関については傾きが逆になるだけで同様の理解をすればよい．

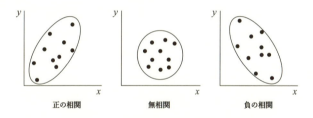

図 4.4.1 正の相関，無相関，負の相関

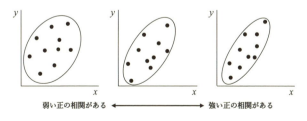

図 4.4.2 相関の強さ

4.3 節の図 4.3.1 をみると，身長と体重の間には成人男性および成人女性ともに正の相関があり，若干，男性のほうが直線的な関係が強いようである．この比較を可能とする数値が相関係数である．

相関係数を求めるためには共分散の考え方が必要になる．はじめに共分散について説明する．

4.4.1 共分散

データサイズ n の 2 変数データを便宜的に $(x_1, y_1), (x_2, y_2), \cdots, (x_n, y_n)$ とする．x と y の下付の添え字は個体番号である．このように表されたデータに対して，**共分散** s_{xy} は次のように定義する．

$$\text{共分散：} \quad s_{xy} = \frac{1}{n}\{(x_1 - \bar{x})(y_1 - \bar{y}) + (x_2 - \bar{x})(y_2 - \bar{y}) + \cdots \\ + (x_n - \bar{x})(y_n - \bar{y})\}$$

$$= \frac{1}{n}\sum_{i=1}^{n}(x_i - \bar{x})(y_i - \bar{y})$$

また，共分散は分散の計算と同様，次のように式を書き直して利用できる．これら 2 つの式が等しいことは，分散の証明と同様に示すことができる．

$$s_{xy} = \frac{1}{n}(x_1 y_1 + x_2 y_2 + \cdots + x_n y_n) - \bar{x}\bar{y} = \frac{1}{n}\sum_{i=1}^{n}x_i y_i - \bar{x}\bar{y}$$

この式の意味について説明する．まず，図 4.4.3 にあるような正の相関関係のある散布図が得られたとする．ここに x と y の平均 $\bar{x}$ と $\bar{y}$ に対応させ直線を引くと，観測値は 4 つの場所 (4 象限) に分かれる．

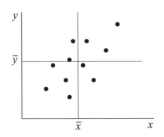

図 4.4.3 散布図 (共分散の説明 1)

右上の象限に属する観測値のひとつを仮に (x_1, y_1) とする (図 4.4.4)．この値に対して，かけ算 $(x_1 - \bar{x})(y_1 - \bar{y})$ を考えると，$(x_1 - \bar{x})(y_1 - \bar{y}) > 0$ である．また，この値の絶対値は点線で示した長方形の面積である．他の場所についても同様に考えると，右上と左下の象限に属する観測値に対するかけ算は正の値を，右下と左上の象限に属する観測値に対するかけ算は負の値を示すこと

4.4 相関係数

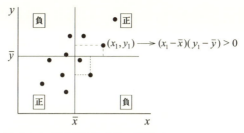

図 4.4.4 散布図 (共分散の説明 2)

がわかり，その絶対値は長方形の面積である．このデータでは正を示す象限に 7 つの観測値が，また，負を示す象限に 4 つの観測値がある．さらに，正を示す象限の観測値がつくる長方形は比較的大きいものが多いことがわかる．共分散は，このように観測値ごとに計算されたかけ算を足しあわせ，平均化した値であり，この例では正の値になる．共分散が正ならば正の相関が，負ならば負の相関があることになり，0 に近ければ無相関となる．

4.3 節で示した成人男性の身長と体重の共分散，成人女性の共分散を求めると，男性が 17.9，女性が 9.4 となり，ともに正の相関があることがわかる．残念ながら，共分散の値だけではどちらのほうが強い相関があるかは判断できず，次に述べる相関係数を利用する．

4.4.2 相関係数

2 変数 (x, y) に対する**相関係数** r_{xy} は次のように定義する．

$$\text{相関係数：} \quad r_{xy} = \frac{s_{xy}}{s_x s_y}$$

ここで，s_{xy} は共分散で，s_x, s_y はそれぞれ x, y の標準偏差である．つまり，この式の意味することは，共分散を各変数の標準偏差で標準化することである．このような標準化によって，相関係数は -1 から 1 の間の値をとる．相関係数の値とそのデータが示すイメージを図 4.4.5 に示す．

図 4.4.5 からわかるように，相関係数の値の正負はそのまま，正の相関，負の相関を示す．また，絶対値について大きな値をとるほど強い関係があるといえる．特に，相関係数 $= 1$ のとき，すべての観測値は右上がりの直線上にある．その意味から**正の完全相関**という．一方，相関係数 $= -1$ のとき，すべての観測値は右下がりの直線上にあり，**負の完全相関**という．ここで，直線の傾きは縦軸や横軸の目盛り幅のとり方で変化するため，傾き自身は相関の強さに関係

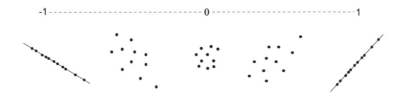

図 4.4.5　相関係数の値とイメージ

なく，目盛りとの関係で考えなくてはならない．

相関係数の値がどの程度であれば相関があるというのか？　これは扱っている分野によって答えが異なる．0.7 以上ないと相関がないと判断する分野もある一方で，0.3 程度でも十分に相関があるとしてさらなる研究を進める分野もある．このような判断や利用は経験によって異なる．

次に，共分散と分散の関係について説明する．分散 v の式は次のように表された．

$$v = \frac{1}{n}\{(x_1-\bar{x})^2 + (x_2-\bar{x})^2 + \cdots + (x_n-\bar{x})^2\} = \frac{1}{n}\sum_{i=1}^{n}(x_i-\bar{x})^2$$

ここでもし，$x_1 = y_1, x_2 = y_2, \cdots, x_n = y_n$ ならば，共分散の式と分散の式は同じものになる．つまり，分散は共分散の特殊な場合として解釈できる (図 4.4.6)．当然のことながら，すべての観測値は直線上に乗るので相関係数は 1 となる．特に，横軸と縦軸の目盛り幅を同じにすると直線の傾きは 45° になる．

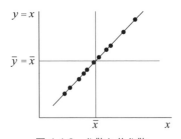

図 4.4.6　分散と共分散

このことは相関係数の式を使っても説明できる．相関係数の式において，$x_1 = y_1, x_2 = y_2, \cdots, x_n = y_n$ なので，分子 $s_{xy} = s_{xx}$ は x の分散である．また，$s_x = s_y$ から，分母 $s_x s_y = s_x s_x$ は x の標準偏差の 2 乗であることから，やはり x の分散である．つまり，分子 = 分母 より相関係数は 1 となる．

4.4 相関係数

最後に，成人男性および成人女性の身長と体重について整理する (表 4.4.1)．この表の最終行にあるように相関係数は男性 0.73 $(= \frac{17.9}{4.8 \times 5.1})$，女性 0.65 $(= \frac{9.4}{3.8 \times 3.8})$ となった．このデータでは，男性の身長と体重のほうが女性の身長と体重に比べ強い相関があることがわかり，当初の予測が正しいことが示された．

表 4.4.1 成人男性および成人女性の身長と体重のまとめ

	男 性		女 性	
	身長	体重	身長	体重
平　均	173.4	63.0	159.6	48.0
標準偏差	4.8	5.1	3.8	3.8
共分散	17.9		9.4	
相関係数	0.73		0.65	

4.4.3 相関係数に関する注意

相関係数は 2 変数間の関係を考察する方法として便利なものである．そのため，さまざまな分野で利用され，その研究結果が発表される．しかし，ときには大きな落とし穴に入り込むことがある．ここでは，4 つの注意すべき間違いについて説明する．ここで示した以外にも注意すべきことはあるが，まずはこれらについて理解されたい．

1) 見かけ上の相関　表 4.4.2 に示した例は「足の大きさ (cm)」と「覚えている漢字の数 (個)」を示した 2 変数データである．図 4.4.7 はこのデータの散布図である．

散布図から正の相関があることがわかる．実際，相関係数は 0.87 である．このことから「足の大きさ」と「覚えている漢字の数」の間に関連性があるとな

表 4.4.2 足のサイズ (cm) と覚えている漢字の数 (個)

(16, 458)	(17, 394)	(17, 434)	(15, 454)	(17, 409)
(15, 455)	(15, 446)	(17, 459)	(13, 423)	(15, 448)
(15, 393)	(14, 405)	(15, 418)	(15, 468)	(15, 426)
(21, 556)	(19, 603)	(21, 599)	(21, 601)	(20, 580)
(19, 565)	(20, 607)	(21, 550)	(19, 628)	(19, 628)
(19, 568)	(20, 530)	(18, 632)	(20, 637)	(21, 598)
(23, 728)	(25, 846)	(24, 804)	(22, 784)	(20, 688)
(22, 861)	(22, 792)	(23, 719)	(21, 814)	(22, 819)
(19, 719)	(24, 864)	(20, 845)	(22, 752)	(24, 855)

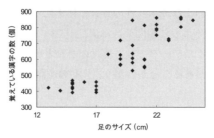

図 4.4.7　足のサイズと覚えている漢字の数の散布図

る．しかし，足が大きいほど覚えている漢字が多いことは一般には成り立たない．このデータは小学生の低学年，中学年，高学年それぞれ 15 人ずつを調査したものであるため，背後には学年 (年齢) があり，学年の影響で 2 変数の間に正の相関が現れたと考えられる．この因果関係を図に示してみる (図 4.4.8).

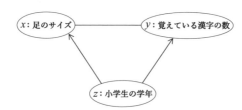

図 4.4.8　「足の大きさ」と「覚えている漢字の数」の関係

このように，背後に影響力のある変数によって，本来，関係がない変数間に関係が現れることがある．これを**見かけ上の相関**，または，**擬相関**という．このような見かけ上の相関は問題の本質をとらえていないため，大きな誤解が生じる可能性がある[6]．

2) 2 つ以上のグループの混在　4.3 節の成人男性，および，成人女性の身長と体重のデータでは，それぞれの相関係数は 0.74, 0.64 であった．これら 2 つのデータをあわせて相関係数を計算すると，0.92 と大きく跳ね上がる．このことは図 4.3.2 の層別した散布図からもわかる．性別によって体格が異なるのは常識であるため，男女のグループを一緒にして，平均や相関係数などを計算してはならない．表 4.4.2 の「足のサイズと覚えている漢字の数」についても，低・中・高学年の 3 つのグループが混在したため，相関係数が大きくなったと

---

6) 背後にある変数の影響を取り去ったあとの相関を測ることができ，それを**偏相関係数**という．文献 [7] などを参照．

4.4 相関係数

考えることができる.

これらの例は，グループの混在によって相関係数が大きくなったものであるが，グループが混在することによって，判断を間違えることは多くある．たとえば，各グループは正の相関であっても，グループをまとめると負の相関になることがある．図 4.4.9 は，3 つのグループの各々は正の相関があっても，これらを大きな 1 つのグループにすると負の相関になるという例である．この現象は**シンプソン** (Simpson) のパラドックスとよばれる[7]．

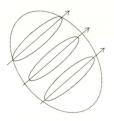

図 4.4.9　シンプソンのパラドックス

3) 外れ値の存在　表 4.4.3 にあるデータを考える．20 個の観測値に対して，最後の観測値は極端に大きな値である．このような観測値を**外れ値**という．外れ値を除く 20 個の観測値の相関係数は −0.19 であるが，外れ値を含めた 21 個の観測値の相関係数は 0.72 である．このように，たった 1 つの外れ値が相関係数の値を大きく変えることがある．

図 4.4.10 はこのデータの散布図である．このように散布図を描くと外れ値はすぐにわかる．外れ値をみつけた場合，その外れ値に対する処置を考える必要

表 4.4.3　外れ値のあるデータ

(1.9, 3.3)	(0.5, 2.1)	(3.0, 2.7)	(4.5, 2.3)	(4.4, 0.3)
(4.8, 1.3)	(0.1, 4.3)	(2.0, 2.9)	(4.3, 4.0)	(0.7, 1.5)
(1.2, 0.5)	(0.2, 4.7)	(0.2, 3.4)	(0.8, 2.1)	(1.1, 3.5)
(0.1, 0.3)	(1.4, 4.6)	(1.7, 0.1)	(2.8, 1.7)	(1.8, 5.0)
(15.0, 15.0)				

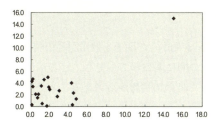

図 4.4.10　外れ値が存在しているデータ

---

7)　文献 [8]，p.31 に具体例がある．

がある．記入ミスのようなときは訂正するか省くだけでよいが，正しい値である場合の判断は難しい．

4) 非線形の関係がある　表 4.4.4 にあるデータを考える．このデータの相関係数は 0.00 であり，2 変数の間には直線的な関係はない．しかし，図 4.4.11 の散布図を見てわかるように，2 変数には 2 次曲線の関係がある．相関係数は，2 変数間の直線的な関係を探す手法であることを理解しておかなければならない．相関係数が示す直線的な関係のことを**線形の関係**という．線形でない関係のことを**非線形の関係**という．

表 4.4.4　非線形の関係があるデータ

(0.0, 10.0)	(1.0, 8.1)	(2.0, 6.4)	(3.0, 4.9)	(4.0, 3.6)
(5.0, 2.5)	(6.0, 1.6)	(7.0, 0.9)	(8.0, 0.4)	(9.0, 0.1)
(10.0, 0.0)	(11.0, 0.1)	(12.0, 0.4)	(13.0, 0.9)	(14.0, 1.6)
(15.0, 2.5)	(16.0, 3.6)	(17.0, 4.9)	(18.0, 6.4)	(19.0, 8.1)
(20.0, 10.0)				

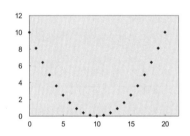

図 4.4.11　非線形の関係があるデータ

4.5　回帰分析

前節では，2 変数データ (x, y) の関係を散布図と相関係数によって考察することを説明した．2 変数の間に関係があっても，どちらが原因でどちらが結果であるかは経験的に，または他の情報から考えることであって，計算結果から見いだすことはできない．身長と体重では，身長の高い人のほうが体重も重いと考えることが一般的な考えであり，身長が原因，体重が結果という因果関係を仮定することが多い．ここでは，因果関係がある程度わかっている 2 変数データを分析することを考える．原因は必ずしも 1 つではなく，複数ある場合もあ

4.5　回帰分析　　　　　　　　　　　　　　　　　　　　　73

る．それについては 4.5.3 項で説明する．

4.5.1　数理モデル

　一般に，x によって y が説明できると考えるとき，この関係を数式により $y = f(x)$ と表す．$y = f(x)$ は，具体的に，$y = a + bx$，$y = a + bx + cx^2$，$y = a + b\sqrt{x}$ などがある．これを**数理モデル**という．ここで，x を**説明変数**，**独立変数**などといい，y を**目的変数**，**被説明変数**，**従属変数**などという．このように数理モデルとは，対象となるデータの本質を具体的に数式の形で表現したものである．この式に現れる係数 a, b, c などは観測値から計算し決定する．たとえば「x：身長 $\rightarrow y$：体重」について，$y = 0.9 \times (x - 100)$ という関係式が導かれたとする．この式に身長を入れると体重が推定できる．推定値と実際の値には乖離があり，提示した式によって「x：身長 $\rightarrow y$：体重」の関係がどの程度まで説明できたか（あてはまりのよさ）は何らかの形で判断しなくてはならない．（係数の決定方法やあてはまりのよさについては次項で述べる．）

4.5.2　回帰直線

　前項では $y = a + bx$，$y = a + bx + cx^2$，$y = a + b\sqrt{x}$ などを数理モデルの例として書いた．係数 a, b, c を具体的に求める分析を**回帰分析**という．また，これらの係数を**回帰係数**という．

　どのような式についても，その回帰係数を求める基本的な考え方は同じである．ここでは，2 変数データ (x, y) に直線的な関係 $y = a + bx$ があるとする．このモデル式は最も基本的なものであり，データより具体的に導かれた直線を**回帰直線**とよぶ．たとえば，図 4.5.1 にあるデータに対して直線 $y = a + bx$ を考え，回帰係数 a, b の推定値 $\hat{a}, \hat{b}$（ˆ は「ハット」と読む）を求める[8]．

　1）残差平方和と最小 2 乗法　　すべての観測値が直線上にあることはなく，ほとんどはその上下の場所にある．直線を 1 つに決めるには説得性のある手順が必要である．以下にその手順について説明する．

　図 4.5.2 は図 4.5.1 と同じものである．図 4.5.2 のなかの観測値の一つを (x_1, y_1) とする．その点から直線 $y = a + bx$ へ真下に線を引く（この直線 $y = a + bx$ は未知である）．この直線上の点を $(x_1, \hat{y}_1)$ とする．図では白丸で表している．$\hat{y}_1 = a + bx_1$ と書くことができ，$\hat{y}_1$ のことを x_1 に対する**推定**

---

8)　a を**切片**または**定数項**といい，b のみを回帰係数ということもある．

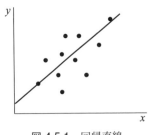
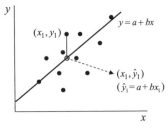

図 4.5.1 回帰直線   図 4.5.2 回帰係数の求め方 1

値という．推定値 $\hat{y}_1$ に対して，y_1 を実測値という．$y_1 - \hat{y}_1$ は実測値と推定値の差で残差，または，推定誤差という．

この残差をすべての観測値に対して求め 2 乗し足しあわせる．これを残差平方和という．式で表すと，

残差平方和： $(y_1 - \hat{y}_1)^2 + (y_2 - \hat{y}_2)^2 + \cdots + (y_n - \hat{y}_n)^2 = \sum_{i=1}^{n}(y_i - \hat{y}_i)^2$

となる．回帰係数 a, b に対して，残差平方和を最小にするものを推定値 $\hat{a}, \hat{b}$ とし，これらの値を代入した直線が求める回帰直線である．残差平方和を最小にするという基準を満たすことから，得られた回帰直線は説得性のあるものになる．このように，残差平方和を最小にするように回帰係数を求める方法を最小 2 乗法という．

数理モデルが $y = a + bx$ である場合，推定値 $\hat{a}, \hat{b}$ は次式で表される[9]．

$$\begin{cases} \hat{a} = \bar{y} - \hat{b}\bar{x}, \\ \hat{b} = \dfrac{s_{xy}}{s_x^2} \quad \left(= \dfrac{s_{xy}}{v_x} \right) \end{cases}$$

ここで，$\bar{x}$ と $\bar{y}$ はそれぞれ x と y の平均で，s_x は x の標準偏差，s_{xy} は x と y の共分散である．この 2 つの式は次頁の偏微分の式 = 0 とおいた 2 元連立方程式 (正規方程式という) の解である．この式から回帰直線は $(\bar{x}, \bar{y})$ を通ることがわかる．数理モデルが $y = a + bx$ である場合，実際に求めればよいのはこれらの式だけであるが，最小 2 乗法の考え方が重要である．

表 4.2.1 および表 4.3.1 で与えられた 25 人の成人男性および成人女性の身長と体重について，表 4.4.1 にあるまとめを利用し，回帰係数の推定値 $\hat{a}, \hat{b}$ を求

---

[9] 証明は後述するように，残差平方和を回帰係数 a, b について偏微分し，それを 0 とおくことによって求める．他の方法として，残差平方和を b の 2 次関数として変形することによって求めることもできる．文献 [5] などを参照．

4.5 回帰分析

表 4.5.1 成人男性および成人女性の身長と体重のまとめと回帰係数[10]

	男性 身長	男性 体重	女性 身長	女性 体重
平 均	173.4	63.0	159.6	48.0
標準偏差	4.8	5.1	3.8	3.8
共分散	17.9		9.4	
相関係数	0.74		0.64	
回帰係数 $\hat{a}$	−73.9		−53.8	
回帰係数 $\hat{b}$	0.79		0.64	

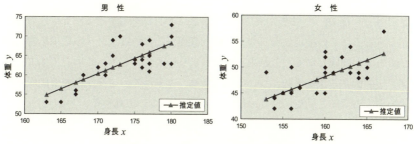

図 4.5.3 回帰分析の結果 (回帰直線)

めると表 4.5.1 のようになる.図 4.5.3 は $\hat{a}, \hat{b}$ を用いて回帰直線を描いたものである.また,▲は身長 x_i に対する体重の推定値 $\hat{y}_i$ ($i = 1, 2, \cdots, n$) である.

証明 (回帰直線を求める正規方程式の導き方)

まず,残差平方和を T とおく.つまり,

$$T = (y_1 - \hat{y}_1)^2 + (y_2 - \hat{y}_2)^2 + \cdots + (y_n - \hat{y}_n)^2$$
$$= (y_1 - a - bx_1)^2 + (y_2 - a - bx_2)^2 + \cdots + (y_n - a - bx_n)^2$$

となる.これを回帰係数 a と b でそれぞれ偏微分する.

$$\frac{\partial T}{\partial a} = -2(y_1 - a - bx_1) - 2(y_2 - a - bx_2) - \cdots - 2(y_n - a - bx_n)$$
$$= -2(y_1 + y_2 + \cdots + y_n) + 2na + 2b(x_1 + x_2 + \cdots + x_n)$$
$$= -2n\bar{y} + 2na + 2nb\bar{x},$$

$$\frac{\partial T}{\partial b} = -2x_1(y_1 - a - bx_1) - 2x_2(y_2 - a - bx_2) - \cdots - 2x_n(y_n - a - bx_n)$$
$$= -2(x_1y_1 + x_2y_2 + \cdots + x_ny_n) + 2a(x_1 + x_2 + \cdots + x_n)$$
$$\quad + 2b(x_1^2 + x_2^2 + \cdots + x_n^2)$$
$$= -2n(s_{xy} + \bar{x}\bar{y}) + 2an\bar{x} + 2bn(s_x^2 + \bar{x}^2).$$

---

10) 本表では精度を高くして計算した.そのため,表 4.4.1 とは値が異なる.

それぞれの式 $= 0$ とおき, これらを解く. $\frac{\partial T}{\partial a} = 0$ より, $\hat{a} = \bar{y} - b\bar{x}$ が導かれる. これより,

$$\frac{\partial T}{\partial b} = -2n(s_{xy} + \bar{x}\bar{y}) + 2n(\bar{y} - b\bar{x})\bar{x} + 2b(s_x^2 + \bar{x}^2)$$
$$= -2ns_{xy} + 2nbs_x^2$$

となり $\frac{\partial T}{\partial b} = 0$ より, $\hat{b} = \dfrac{s_{xy}}{s_x^2}\left(= \dfrac{s_{xy}}{v_x}\right)$ となる. □

2) 決定係数　モデル式に対して, 最小2乗法を用いると回帰係数の推定値が求まる. この推定値からつくられた直線がどの程度データの様子を説明しているかが問題となる. これを, **あてはまりのよさ**という. このあてはまりのよさを評価する**決定係数**について説明する. 本来はどのような数理モデルでもよいが, ここでも続けて回帰直線 $y = a + bx$ について述べる.

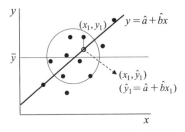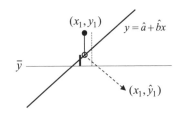

図 4.5.4　あてはまりのよさの考え方1　　図 4.5.5　あてはまりのよさの考え方2

図 4.5.4 は, 図 4.5.1 の中に y の平均 $\bar{y}$ を示す直線を描いたものである. この図から, これから説明する内容 (円の中) をクローズアップする (図 4.5.5). 図 4.5.5 にある3つの線はそれぞれ, 次のような式になる.

　　点線: $y_1 - \bar{y}$,　　太い線: $\hat{y}_1 - \bar{y}$,　　細い線 (残差): $y_1 - \hat{y}_1$

また, 図と式からわかるように

$$\text{点線} = \text{太い線} + \text{細い線}$$

になる. すべての観測値について同じ式が成り立つ. y の分散

$$\frac{1}{n}\{(y_1 - \bar{y})^2 + (y_2 - \bar{y})^2 + \cdots + (y_n - \bar{y})^2\} = \frac{1}{n}\sum_{i=1}^{n}(y_i - \bar{y})^2$$

において $y_i - \bar{y} = (y_i - \hat{y}_i) + (\hat{y}_i - \bar{y})$ $(i = 1, 2, \cdots, n)$ とすると, $\{\ \}$ の中は

4.5 回帰分析

$\sum$ 記号を使って表すと次のようになる[11].

$$\sum_{i=1}^{n}(y_i - \bar{y})^2 = \sum_{i=1}^{n}(y_i - \hat{y}_i)^2 + \sum_{i=1}^{n}(\hat{y}_i - \bar{y})^2$$

この式の右辺にある 2 つの項を入れ替えると

$$\sum_{i=1}^{n}(y_i - \bar{y})^2 = \sum_{i=1}^{n}(\hat{y}_i - \bar{y})^2 + \sum_{i=1}^{n}(y_i - \hat{y}_i)^2$$

となり，

点線の 2 乗和＝太い線の 2 乗和＋細い線の 2 乗和

となる．それぞれの 2 乗和は**総平方和**，**回帰による平方和**，**残差平方和**という．あてはまりのよさは，

$$\frac{回帰による平方和}{総平方和}$$

で測る．これを**決定係数**という．つまり，次の式で定義する．

$$決定係数：\quad R^2 = \frac{\displaystyle\sum_{i=1}^{n}(\hat{y}_i - \bar{y})^2}{\displaystyle\sum_{i=1}^{n}(y_i - \bar{y})^2} = 1 - \frac{\displaystyle\sum_{i=1}^{n}(y_i - \hat{y}_i)^2}{\displaystyle\sum_{i=1}^{n}(y_i - \bar{y})^2}$$

すべての観測値が回帰直線上にあるとき $y_i = \hat{y}_i$ となり，決定係数 $R^2 = 1$ となる．数理モデル $y = f(x)$ に対して，観測値が完全にモデルどおりであるとき，決定係数 $R^2 = 1$ となる．また，$\hat{y}_i = \bar{y}$ ならば決定係数 $R^2 = 0$ になる．数理モデルが $y = a + bx$ の場合のみ，決定係数と相関係数の間には $R^2 = r_{xy}^2$ という関係が成り立つ．

表 4.5.1 にある「成人男性および成人女性の身長と体重のまとめと回帰係数」の相関係数より，これらのデータの決定係数はそれぞれ 0.55, 0.41 であり，男性のほうが女性よりあてはまりがよいといえる．

4.5.3 単回帰分析から重回帰分析へ

ここまでの回帰分析では「$x \to y$」という因果関係が背景にあり，y を x で説明する数理モデル $y = f(x)$ について考えてきた．この考え方を拡張して，y を p 個の説明変数 $x_1, x_2, \cdots, x_p$ で説明することを考える．このときの数理モデルは一般に $y = f(x_1, x_2, \cdots, x_p)$ と表す．この数理モデルのもとで分析を行

---

11) 式の証明は文献 [7] などを参照.

うことを**重回帰分析**という．重回帰分析に対して，$y = f(x)$ の分析を区別するため**単回帰分析**という．

線形の数理モデル $y = a + b_1 x_1 + b_2 x_2 + \cdots + b_p x_p$ を考える．この式において，係数 a を切片または定数項といい，$b_1, b_2, \cdots, b_p$ を**偏回帰係数**という．これらの係数を求める基本的な考え方も最小 2 乗法である．つまり，残差平方和

$$T = (y_1 - \hat{y}_1)^2 + (y_2 - \hat{y}_2)^2 + \cdots + (y_n - \hat{y}_n)^2$$

に対して，係数 $a, b_1, b_2, \cdots, b_p$ で偏微分した式 $= 0$ とし，回帰係数の推定値を導く．導出された $p + 1$ 個の方程式も**正規方程式**とよぶ．これらは，

$$\begin{cases}
s_{11}\hat{b}_1 + s_{12}\hat{b}_2 + \cdots + s_{1k}\hat{b}_k + \cdots + s_{1p}\hat{b}_p = s_{1y}, \\
s_{21}\hat{b}_1 + s_{22}\hat{b}_2 + \cdots + s_{2k}\hat{b}_k + \cdots + s_{2p}\hat{b}_p = s_{2y}, \\
\quad \vdots \\
s_{p1}\hat{b}_1 + s_{p2}\hat{b}_2 + \cdots + s_{pk}\hat{b}_k + \cdots + s_{pp}\hat{b}_p = s_{py}, \\
\hat{a} = \bar{y} - \hat{b}_1\bar{x}_1 - \hat{b}_2\bar{x}_2 - \cdots - \hat{b}_p\bar{x}_p
\end{cases}$$

という関係に書き直すことができ，各係数を求めることができる．ここで，s_{1y} は x_1 と y の共分散で，s_{12} は x_1 と x_2 の共分散を表している．その他の添え字もこれらに準ずる．

この数理モデルのあてはまりのよさを測る決定係数 R^2 の計算方法も 4.5.2 項で述べたものと同じある．決定係数の平方根 R を**重相関係数**という．重回帰分析では説明変数が多くなると，決定係数が大きくなるという欠点があるため，次に示す**自由度調整済み決定係数**を利用する．

$$\text{自由度調整済み決定係数：} \quad R'^2 = 1 - \frac{\displaystyle\sum_{i=1}^{n}(y_i - \hat{y}_i)^2}{\displaystyle\sum_{i=1}^{n}(y_i - \bar{y})^2} \times \frac{n-1}{n-p-1}$$

重回帰分析はよく利用される統計分析である．重回帰分析により求められた偏回帰係数からどの説明変数が目的変数に影響を与えているかがわかる．ここでは重回帰分析を紹介するにとどめる[12]．

最後に，第 3 章で用いた DAP データ (表 3.0.1) について重回帰分析を行った結果だけを示す．ここで，目的変数を価格とし，説明変数については記憶容

---

12) 文献 [7], [8] に偏回帰係数の仮説検定 (後述) に関する記述がある．

量と再生時間を用いた．その結果が

$$価格 = 29966.3 + 673.4 \times 記憶容量 - 447.5 \times 再生時間$$

である．記憶容量が多いほど値段が高く，再生時間がかかるほど値段が安くなることがわかる．このときの，決定係数は 0.55，自由度調整済み決定係数は 0.54 である．2 値変数である外部メモリ (有：1，無：0) を説明変数として加えることができ，このような変数を**ダミー変数**という．その結果が

$$価格 = 21634.1 + 24541.1 \times 外部メモリ + 553.7 \times 記憶容量 - 432.5 \times 再生時間$$

である．記憶容量と再生時間が同じであれば，外部メモリが有ることで約 24,500 円高くなることがわかる．このときの，決定係数は 0.64，自由度調整済み決定係数は 0.63 である．これらの結果から，外部メモリをダミー変数として追加したほうがよいことがわかる．

4.6 発展的な話題

ここでは，相関係数と回帰直線の傾きの関係，平均への回帰に関する歴史的な話，さらに，裾の長いデータや外れ値を含むデータに対数変換を施す必要性について述べる．

4.6.1 相関係数と回帰直線の傾きの関係

回帰直線である場合，推定値 $\hat{a}, \hat{b}$ は次式で表されることを示した．

$$正規方程式：\begin{cases} \hat{a} = \bar{y} - \hat{b}\bar{x}, \\ \hat{b} = \dfrac{s_{xy}}{s_x^2} \quad \left(= \dfrac{s_{xy}}{v_x} \right) \end{cases}$$

この式からは相関係数 r_{xy} と回帰直線の関係はわからないが，回帰係数の推定値 $\hat{b}$ を次のように書き直すと，傾きが相関係数に標準偏差の比をかけることによって導かれることがわかる．

$$\hat{b} = \frac{s_{xy}}{s_x^2} = r_{xy} \times \frac{s_y}{s_x}$$

さらに，それぞれの変数を標準化して観測値を $(x_1', y_1'), (x_2', y_2'), \cdots, (x_n', y_n')$ とおくと，これらに対する標準偏差は $s_x' = s_y' = 1$ となり，傾きは相関係数 r_{xy} そのものであることがわかる．また，標準化により $\bar{x}' = \bar{y}' = 0$ であるため回

帰直線は原点を通る.

標準化することにより，傾き (=相関係数) の絶対値は 1 以下であり，1 を超えることはない．このことは，相関係数や回帰直線を発案したゴルトン (1.2.1 項参照) が発見し，「平均への回帰」として説明した．ゴルトンは親の身長と子の身長を調べ，背の高い親のグループの子たちの身長も高い傾向にはあるが，その平均は親たちの平均を超えることはなく，全体の平均に近づくという性質を説明した (図 4.6.1)．また，この図から，回帰直線の傾きは y 軸に平行な接線を楕円の両側に引き，両接点をつないだものであることを示した．楕円の長軸ではない．

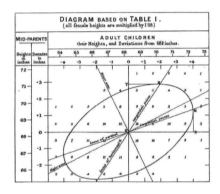

図 4.6.1　ゴルトンの相関係数と回帰直線[13]

4.6.2　対数変換の利用

49 ヶ国の国内総生産 (名目 GDP, 2014 年, 単位：100 万米ドル) と乳児死亡率 (1000 人あたりの 1 歳未満乳児の年間死亡数，調査年は国より異なる) を考える[14]．与えられた値をそのまま散布図で示すと図 4.6.2 のようになり，ほとんどの国が左下にある．これはいくつかの大きな値のためである．実際，散布図の右端にアメリカ合衆国がある．この国の値は外れ値といえるが，分析のときに除外することは問題である．

---

13) 出典：文献 [9] より引用.
14) 総務省統計局「世界の統計 2016」の資料のうち，両方の値が揃っている 49 ヶ国を用いた.

4.6 発展的な話題

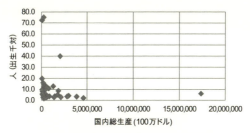

図 4.6.2　国内総生産と乳児死亡率

　国内総生産の値に常用対数 ($\log_{10}$) を施す (図 4.6.3)．つまり，横軸は桁を示すことになり，図 4.6.2 で左下にあった国々が分かれる．図 4.6.3 の右端にあるのはやはりアメリカ合衆国であるが，大きな外れ値とはならない．このようなグラフを**片対数グラフ**という．

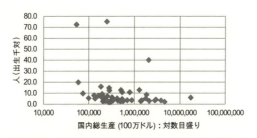

図 4.6.3　国内総生産と乳児死亡率 (片対数グラフ)

　さらに，乳児死亡率についても常用対数 ($\log_{10}$) を施す (図 4.6.4)．このようなグラフを**両対数グラフ**という．これで縦軸も横軸も桁を示すことになり，この散布図から，2 つの変数の間には弱い負の相関があることがわかる．図 4.6.4 の相関係数は -0.28 である．

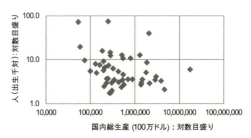

図 4.6.4　国内総生産と乳児死亡率 (両対数グラフ)

演習問題 4

1. 3章の章末問題1にあるバレーボール選手 (26名) の身長と体重のデータに関する各問に答えよ.

(1) 散布図を作成すると次のようになった. これより, 相関係数のおおよその値はいくらか. 次のなかから選べ.

① −0.80　② −0.30　③ 0.20　④ 0.75　⑤ 0.95

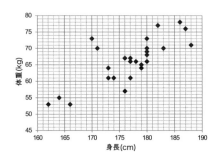

(2) 身長の平均と標準偏差はそれぞれ 176.8, 6.4, 体重の平均と標準偏差はそれぞれ 66.2, 6.7 である. また, 共分散は 32.45 である. これより, 身長を x, 体重を y とした回帰直線 $y = a + bx$ の回帰係数を求め, 上の図に示せ. 番号7の選手の身長は 166 cm である. この選手の体重の推定値を求めよ.

(3) この回帰直線の決定係数を求めよ.

(4) 散布図ではリベロの3名が他の選手と離れている (左下の3名). この3名を除いた残りの23名の相関係数のおおよその値はいくらか. 次のなかから選べ.

① −0.70　② −0.30　③ 0.55　④ 0.75　⑤ 0.90

2. 次の相関係数に関する記述の正誤を述べよ.

① 身長 (cm) と体重 (kg) の相関係数を r とする. 身長を m の単位に変更したときの身長 (m) と体重 (kg) の相関係数の値は $r/100$ である.

② 点数 (点) と理科の点数 (点) の相関係数を r とする. 数学の点数を全員一律に 10 点プラスし, 理科の点数を 1.2 倍にしたときの相関係数も r である.

③ 数学の点数 (点) と理科の点数 (点) の相関係数を r とする. 数学と理科の点数を偏差値にしたときの相関係数は r より小さい.

④ 数学の5段階授業評価と数学の点数 (点) の相関係数を r とする. ただし, 5段評価は (1:非常に良い, 2:良い, 3:普通, 4:悪い, 5:非常に悪い) である. この順を変えて (1:非常に悪い, 2:悪い, 3:普通, 4:良い, 5:非常に良い) としたとき, 新しい5段階授業評価と数学の点数 (点) の相関係数も r である.

⑤ 数学の5段階授業評価と数学の点数 (点) の相関係数と r とする. ただし, 5段評価は (1:非常に悪い, 2:悪い, 3:普通, 4:良い, 5:非常に良い) である. この5段評価の数値を変えて (1:非常に悪い, 2:悪い, 3:普通, 6:良い, 8:非常に良い) と

4.6 発展的な話題

したとき，新しい 5 段階授業評価と数学の点数 (点) の相関係数は r より大きい.

3. 次の共分散および相関係数に関する記述の正誤を述べよ.

① 相関係数がほぼ 0 のとき，2 変数の間には何の関係もない.

② 相関係数が大きいほど因果関係は強くなる.

③ 共分散の値が大きいほど相関係数が常に大きくなる.

④ 標準化した 2 変数の相関係数と共分散は同じ値である.

⑤ 外れ値がある場合，この値を入れたときのほうが入れないときより相関係数の絶対値が大きい.

Part II

確率の概念と推測統計

5章

確率と確率分布

1.1.3 項で述べたように，統計学の役割は大きく 2 つに分けられる．一つは記述統計であり，もう一つは推測統計である．第 3 章および第 4 章の内容は記述統計で，得られたデータの特徴を記述する手法について説明した．第 5 章からは第 II 部として推測統計を扱う．第 I 部と比較すると，第 II 部は数学的な話が多く，数式も多い．文科系の学生においては，これらの式を覚えることや証明することはさほど大切ではなく，使えることが重要である．

第 5 章は確率と確率分布という内容で，本章は統計学そのものというより，これから学ぶ推測統計を理解するための準備ととらえればよい．ただし，5.2 節で扱う確率変数や確率分布の考え方には慣れておいたほうがよく，特に，期待値と分散は統計学を理解するためには必須である．

第 6 章は標本分布の話であり，確率変数の和などの分布を扱う．この標本分布は第 7 章，第 8 章でおおいに利用するので，繰り返し確認するとよい．

5.1 確　　率

確率の概念を説明する際，具体的な例としてサイコロ投げがしばしばあげられる．本節でもサイコロの例を用いて説明するが，その理由はイメージしやすいからである．確率のイメージの広がりとして重要なことは，

・生じうる結果の種類が事前にわかっていること，

・実際に生じる結果は偶然に左右され，事前にはわからないこと，

である．

日常の多くの現象はこのような偶然に左右される不確実な現象である．たとえば，5 問からなる問題を解くとき，正解数としてとりうる値は $0, 1, \cdots, 5$ であるが，事前にはわからない．通学時間や通勤時間がとりうる範囲は過去のデータからわかるが，明日の通学時間や通勤時間を正確にいうことはできない．しかしながら，このような不確実な現象に対して，過去のデータを確率論ととも

87

に利用することによって，不確実性の程度を定量的に扱うことができる．先の例で，正解率が 80 % であるような問題からの出題 5 問であれば，その正解数は4 問程度と考えることができる．通学時間や通勤時間の平均や分散や分布の形がわかれば，どの程度の時間で目的地に着くかがわかり，間に合うように家を出る時間を決めることができる．

5.1.1 項と 5.1.2 項では確率に関する用語を説明し，確率の定義と性質および応用について述べる．

5.1.1 確率の定義と性質

サイコロ投げの場合，1 回ずつ投げる行為を**試行**という．生じうる結果は，「3の目が出る」「偶数の目が出る」などのように表現し，生じうる結果を**事象**という．「偶数の目が出る」事象 A を記号を用いて表すと，事象 $A = \{2, 4, 6\}$ となる．ここで，$\{\ \}$ はカッコ内の要素の集合を表す．生じうる結果全体の集合を**全事象** (標本空間) といい，$\Omega = \{1, 2, 3, 4, 5, 6\}$ と表す．$\{1\}, \{2\}, \{3\}, \{4\}, \{5\}, \{6\}$はこれ以上事象を分けることができないので，**根元事象** (標本点) という．サイコロ投げの場合，根元事象は上の 6 通りである[1]．このように，事象は全事象の部分集合である．

事象に関する種々の概念および用語は，集合の概念および用語と対応がつく．以下では，2 つの事象 A および B についてそれぞれの用語を説明するが，一般に事象はいくつあってもよい．

事象 A と B の**和事象** (集合の用語では和集合)：　事象 A および B に含まれる要素のいずれか 1 つが生じる事象をいい，$A \cup B$ と表す．

事象 A と B の**積事象** (集合の用語では積集合)：　事象 A および B に含まれる要素で同時に生じる事象をいい，$A \cap B$ と表す．

空事象 (集合の用語では空集合)：　何も生じないという事象をいい，$\emptyset$ と表す．

事象 A と B は互いに**排反** (集合の用語では互いに**素**)：　事象 A および B の積事象が空事象 $\emptyset$ である場合をいう．つまり，$A \cap B = \emptyset$.

事象 A の**余事象** (集合の用語では補集合)：　事象 A に含まれていない要素からなる事象をいい，A^c と表す．$A \cup A^c = \Omega$, $A \cap A^c = \emptyset$ が成り立つ．

---

1)　サイコロ投げの例は根元事象が 6 通りで，全事象の要素が有限個という特徴がある．このように根元事象の数が有限のものもあるが，通学時間や通勤時間のように実数 (非加算無限) のものもある．根元事象が実数の場合は一般に，区間 $[a, b]$ として事象を考える．たとえば，区間 $[a, b]$は時間 a から b の到着を，$(-\infty, b]$ は b までの到着を意味する．

5.1 確率

**――― 確率の誕生 ――― **

確率の誕生はギャンブルに関係しているといわれる．その理由は，『パスカルとフェルマーの往復書簡』(1654 年)[2] にある．この書簡では，シュヴァリエ・ド・メレという人物 (貴族であり賭博士) から出された「サイコロ問題」と「分配問題」が議論されている．ここでは，メレがパスカルに提示した「サイコロ問題」について説明する．

パスカル[*]

① "1 つのサイコロを 4 回投げて，6 の目が出れば自分の勝ち"という賭けをしたときは勝てた．

② "2 つのサイコロを 24 回投げて，6–6 のゾロ目が出れば自分の勝ち"という賭けをしたときは勝てなかった．

①の "6 の目が出る確率は 1/6"で，②の "6–6 のゾロ目が出る確率は 1/36"なのだから，それぞれ 4 回，24 回投げたら，同じ確率で起きるのではないか？ つまり，$1/6 \times 4 = 4/6 = 2/3$，$1/36 \times 24 = 24/36 = 2/3$ で同じではないか？

これがメレの問題である．パスカル (Blaise Pascal, 1623–1662) は，"ある目が出る確率から計算するのではなく，出ない確率から計算する"と答えた．この回答に自信のないパスカルはフェルマーに確認のための書簡を送ったという．書簡では，①の問題について，671 対 625 で勝つことを計算し示している．

勝つ確率を実際に計算すると，①は $1 - (5/6)^4 = 0.518$，②は $1 - (35/36)^{24} = 0.491$ となる．このわずかな差が経験的にわかるほど，メレはこのルールで賭け事をしていたということになる．

例 5.1 サイコロを 1 回投げるという試行について，偶数の目が出るという事象を A，2 以下の目が出るという事象を B，3 か 5 の目が出るという事象を C とすると，$A = \{2, 4, 6\}$，$B = \{1, 2\}$，$C = \{3, 5\}$ と表される．このとき，

- 事象 A と B の和事象は $A \cup B = \{2, 4, 6\} \cup \{1, 2\} = \{1, 2, 4, 6\}$ である．
- 事象 A と B の積事象は $A \cap B = \{2, 4, 6\} \cap \{1, 2\} = \{2\}$ である．
- 事象 A と C の積事象は $A \cap C = \{2, 4, 6\} \cap \{3, 5\} = \emptyset$ となるので，事象 A と C は互いに排反である．
- 事象 A の余事象は $A^c = \{1, 3, 5\}$ である．

---

[2] 英語版書簡は次の URL で見ることができる．(2017 年 10 月 16 日確認)
http://cerebro.xu.edu/math/Sources/Pascal/Sources/pasfer.pdf

[*] 写真出典：Wikimedia Commons より [Public domain]

90   5. 確率と確率分布

　事象の起こりやすさ (確からしさ) を表す**確率**を定義する. 確率の定義はいくつかあるが, ここでは**公理的確率**, **古典的確率**, **頻度確率**について説明する. これ以外に, ベイズ統計学で用いる**主観的確率**がある.

　はじめに**公理的確率**について説明する. 公理的確率は次の 3 つの性質

確率の公理

(1) 任意の事象 A に対して, $0 \leq P(A) \leq 1$.

(2) 全事象 Ω に対して, $P(\Omega) = 1$.

(3) 事象 $A_1, A_2, \cdots$ が互いに排反であるとき,

$$P(A_1 \cup A_2 \cup \cdots) = P(A_1) + P(A_2) + \cdots.$$

を満たす実数の関数 $P(\cdot)$ が事象に対して定義できればよい.

　また, **古典的確率**は, 根元事象が生じる可能性が**同様に確からしい** (起こりやすい) と仮定し, 事象の確率を事象に含まれる要素の数に基づいて計算する方法である. たとえば, サイコロを 1 回投げるという試行について, 根元事象である各目 i の出る事象の確率を $P(\{i\}) = 1/6$ $(i = 1, 2, \cdots, 6)$ と定義し, 偶数の目が出る事象 $\{2, 4, 6\}$ の確率は $3/6 = 1/2$ と計算する. つまり,

$$事象 A の確率 = \frac{事象 A に含まれる要素の数}{全事象 \Omega の要素の数}$$

と定義する. 事象 A に含まれる要素の数を $n(A)$ と書くと,

$$事象 A の確率 = \frac{n(A)}{n(\Omega)}$$

と表現できる.

　これに対して**頻度確率**は頻度をもとに定義する確率である. たとえば, サイコロ投げという試行を十分大きい回数 $(n$ 回$)$ 反復し, そのうち目 i が出た回数が n_i $(i = 1, 2, \cdots, 6)$ であるとする. このとき, その相対度数 (相対頻度) n_i/n は n を大きくするとき一定の値 p_i に近づくという性質[3]に基づいて $P(\{i\}) = p_i$ と定義する.

　事象と確率の関係について考えるときはベン図を用いる. 図 5.1.1 と図 5.1.2 は, 2 つの事象 A と B が互いに排反の場合と排反でない場合のベン図である.

---

　3) この性質を**大数の法則**という (6.4 節参照).

5.1 確　率

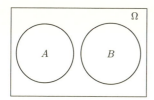

図 5.1.1　ベン図 (事象 A と B が互いに排反)

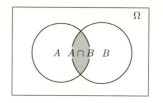

図 5.1.2　ベン図 (事象 A と B が互いに排反でない)

長方形の内側全体が全事象 (標本空間) Ω，2 つの円 A と B がそれぞれ事象 A と B を表す．円 A の外が A の余事象 A^c，円 B の外が B の余事象 B^c である．

5.1.2　条件付き確率とベイズの定理

ここでは，確率に関するいくつかの定理を説明する．

1) 加法定理　確率の加法定理は和事象の確率に関する定理である．図 5.1.1 のように事象 A と B が互いに排反のとき，和事象 $A \cup B$ に含まれる要素は事象 A または B の一方の事象だけに含まれ，両方に含まれることはない．つまり，$A \cup B$ に含まれる要素の数は $n(A) + n(B)$ となる．これより，

$$P(A \cup B) = \frac{n(A) + n(B)}{n(\Omega)}$$
$$= \frac{n(A)}{n(\Omega)} + \frac{n(B)}{n(\Omega)} = P(A) + P(B)$$

となる．3 つ以上の排反な事象についても，これを繰り返すことによって示すことができ，これは確率の公理の 3 番目になる．

図 5.1.2 のように事象 A と B が互いに排反でないとき，$n(A) + n(B)$ のままでは積事象の要素が 2 重にカウントされるので，$n(A \cap B)$ を引く必要がある．つまり，和事象の確率は，

$$P(A \cup B) = \frac{n(A) + n(B) - n(A \cap B)}{n(\Omega)}$$
$$= \frac{n(A)}{n(\Omega)} + \frac{n(B)}{n(\Omega)} - \frac{n(A \cap B)}{n(\Omega)}$$
$$= P(A) + P(B) - P(A \cap B)$$

となる．事象が 3 つ以上ある場合はそれぞれの重なり具合によって式が複雑になるが，ベン図を利用すると理解しやすい．

2) 条件付き確率と乗法定理　　事象 A と B が互いに排反でないとき (図 5.1.2), 事象 A が生じるという条件の下で事象 B の生じる確率を**条件付き確率**といい, $P(B|A)$ と表す. $P(A) > 0$ のとき,

$$P(B|A) = \frac{P(A \cap B)}{P(A)}$$

が成り立つ. この式の両辺に $P(A)$ をかけ, 左辺と右辺を交換すると,

$$P(A \cap B) = P(A)P(B|A)$$

となり, 積事象の確率に関する式が得られる. これを確率の**乗法定理**という.

3) 独立性　　事象 A と B が**互いに独立**であるとは, 一方の事象が生じる確率が, 他方の事象が生じるか否かに関係しないことである. すなわち,

$$P(B|A) = P(B), \quad P(A|B) = P(A)$$

となる. 事象 A と B が互いに独立であるとき, 乗法定理より,

$$P(A \cap B) = P(A)P(B)$$

が成り立つ. $P(A) = 0$, $P(B) = 0$ の場合も定義できるので, 一般に, こちらの式を事象の独立性の定義とすることが多い.

例 5.2　精密に作られた正 20 面体のサイコロ (乱数サイコロ) を 1 回投げることを考える. 乱数サイコロは $\{0, 1, \cdots, 9\}$ の目が等しい確率で出るよう, 2 ヶ所ずつに $0, 1, \cdots, 9$ の数値が書かれている. つまり, いずれの目も出る確率は 1/10 である.

事象 A を偶数の目が出るとし, 事象 B を 4 以上の目が出るとする. このときの $P(A \cup B)$, $P(A \cap B)$, $P(B|A)$ を求める. 事象 $A = \{0, 2, 4, 6, 8\}$, $B = \{4, 5, 6, 7, 8, 9\}$ より, $P(A) = 5/10 = 1/2$, $P(B) = 6/10 = 3/5$ である. また, $A \cup B = \{0, 2, 4, 5, 6, 7, 8, 9\}$, $A \cap B = \{4, 6, 8\}$ であることから, $P(A \cup B) = 8/10 = 4/5$, $P(A \cap B) = 3/10$ となる.

条件付き確率 $P(B|A)$ は事象 A (偶数の目) のなかで 4 以上の目になる確率である. 偶数 $\{0, 2, 4, 6, 8\}$ のなかで 4 以上は $\{4, 6, 8\}$ なので, $P(B|A) = 3/5$ となる. これらを加法定理と乗法定理を用いて示すと, 次のような関係になる.

$$P(A \cup B) = P(A) + P(B) - P(A \cap B) = \frac{5}{10} + \frac{6}{10} - \frac{3}{10} = \frac{4}{5}$$

$$P(A \cap B) = P(A)P(B|A) = \frac{5}{10} \times \frac{3}{5} = \frac{3}{10}$$

5.1 確率

── モンティ・ホール問題 ──

「モンティ・ホール問題」は，ベイズの定理の例題となっている有名な問題である．モンティ・ホールとはアメリカのゲームショウ番組の司会者の名前である．この問題は次のようである．

1： 3つの扉があり，1つには景品があり，残り2つにはヤギ (はずれ) がいる．
2： プレーヤーは3つの扉のなかから1つの扉を選ぶ．
3： モンティは答えを知っており，残り2つの扉のなかで不正解の扉を1つ選んで開ける．
4： モンティは残り2つの扉を選び直してよいと言う．
5： プレーヤーは残り2つの扉のなかから好きなほうを選ぶことができる．

【問題】プレーヤーは扉を変えるべきか？ 変えないべきか？

この問題は，直感的または心理的には残り2つの扉の当たりの確率はそれぞれ1/2になるように思える．実際は，もとの扉でないほうを選ぶのがよく，もとの扉の2倍の確率で選び直した扉に景品がある．

---

4) ベイズの定理 ベイズの定理は，「結果事象に対して，原因と考えられる互いに排反な事象がいくつかあり，そのなかのある原因が実際の原因である確率を求める定理」である．たとえば，k個の工場$B_1, B_2, \cdots, B_k$が同じ製品を市場に出している場合，消費者が不良品を手にした (事象Aが不良品を意味する) ときに，その不良品が工場B_iからのものである確率$P(B_i|A)$ $(i=1,2,\cdots,k)$をベイズの定理によって求めることができる．その手順を示す．

ある結果事象Aに対して，その事象の原因として互いに排反なk個の事象$B_1, B_2, \cdots, B_k$があり，それ以外に原因はないとする．事象Aが生じるという条件の下で，事象$B_1, B_2, \cdots, B_k$それぞれに対する条件付き確率は，

$$P(B_i|A) = \frac{P(A \cap B_i)}{P(A)} \qquad (i=1,2,\cdots,k)$$

となる．左辺は，結果事象Aが生じたとき，その原因が事象B_iである確率である．この右辺の分子の積事象の確率を乗法定理により書き直すと，

$$P(B_i|A) = \frac{P(B_i)P(A|B_i)}{P(A)} \qquad (i=1,2,\cdots,k)$$

となる．一方，全事象Ωを用いて，右辺の分母$P(A) = P(A \cap \Omega)$と表すことができる．k個の事象$B_1, B_2, \cdots, B_k$が互いに排反であることから，全事象は

$$\Omega = B_1 \cup B_2 \cup \cdots \cup B_k \quad \text{かつ} \quad B_i \cap B_j = \emptyset \ (i \neq j)$$

と分解でき，

$$A = A \cap \Omega = A \cap (B_1 \cup B_2 \cup \cdots \cup B_k)$$
$$= (A \cap B_1) \cup (A \cap B_2) \cup \cdots \cup (A \cap B_k)$$

となる．k 個の事象 $A \cap B_1, A \cap B_2, \cdots, A \cap B_k$ も互いに排反である．これ
より，

$$P(B_i|A) = \frac{P(B_i)P(A|B_i)}{P((A \cap B_1) \cup (A \cap B_2) \cup \cdots \cup (A \cap B_k))}$$
$$= \frac{P(B_i)P(A|B_i)}{P(B_1)P(A|B_1) + P(B_2)P(A|B_2) + \cdots + P(B_k)P(A|B_k)}$$

となる．最後の式が**ベイズの定理**である．$P(B_i)$ は**事前確率**，$P(B_i|A)$ は**事
後確率**という．

例 5.3 下表は，ある製品を製造している 4 つの工場の製造率とその工場が不良品
を市場に出す不良品率である．ここで，市場に出る不良品率は

$$P(A) = 0.40 \times 0.01 + 0.30 \times 0.01 + 0.20 \times 0.02 + 0.10 \times 0.05 = 0.016$$

である．たとえば，不良品が工場 B_1 からの製品である確率は

$$P(B_1|A) = 0.004/0.016 = 0.25$$

となる．その他についても同様に計算できる．

工場名	B_1	B_2	B_3	B_4	合 計
製造率	0.40	0.30	0.20	0.10	1.00
不良品率	0.01	0.01	0.02	0.05	
製造率 × 不良品率	0.004	0.003	0.004	0.005	0.016
当該工場からの製品である確率	0.25	0.19	0.25	0.31	1.00

エフロンのサイコロ

4つの6面サイコロがあり，そのなかから1つ選んで順番に投げ，大きな目が出たほうが勝ちとする．4つのサイコロが1から6の目が1つずつ書かれたものなら，先手であっても後手であっても，どのサイコロを選んでも，勝つ確率は互いに同じである．

下図にある4つの6面サイコロは，ブートストラップ法という統計的推論を提唱したエフロン (Bradley Efron, 1938–) が考えたもので，エフロンのサイコロとよばれる．エフロンのサイコロの場合，

$$P(A>B) = P(B>C) = P(C>D) = P(D>A) = \frac{2}{3}$$

なので，先手が選んだサイコロを見て，後手が適切なサイコロを選ぶと勝つ確率が高くなる．ここで，$P(A>B)$ とは，サイコロ A の目のほうが B の目より大きい確率を意味する．このような関係のある4つの6面サイコロの例は多くある．

```
      A            B            C            D
      ┌─┐          ┌─┐          ┌─┐          ┌─┐
      │4│          │3│          │2│          │1│
  ┌─┬─┼─┼─┐    ┌─┬─┼─┼─┐    ┌─┬─┼─┼─┐    ┌─┬─┼─┼─┐
  │4│4│0│0│    │3│3│3│3│    │6│6│2│2│    │5│5│1│5│
  └─┴─┼─┼─┘    └─┴─┼─┼─┘    └─┴─┼─┼─┘    └─┴─┼─┼─┘
      │4│          │3│          │2│          │1│
      └─┘          └─┘          └─┘          └─┘
```

5.1 節の重要事項

○加法定理
　事象 A と B が互いに排反のとき，$P(A \cup B) = P(A) + P(B)$
　事象 A と B が互いに排反でないとき，$P(A \cup B) = P(A) + P(B) - P(A \cap B)$

○乗法定理
　事象 A と B が互いに排反でないとき，$P(A \cap B) = P(A)P(B|A)$

○独立性
　事象 A と B が独立であるとは，$P(B|A) = P(B)$, $P(A|B) = P(A)$ が成り立つことであり，$P(A \cap B) = P(A)P(B)$ となる．

○ベイズの定理
　事象 A が生じるという条件の下で，事象 $B_1, B_2, \cdots, B_k$ それぞれに対する条件付き確率は，

$$P(B_i|A) = \frac{P(B_i)P(A|B_i)}{P(B_1)P(A|B_1) + P(B_2)P(A|B_2) + \cdots + P(B_k)P(A|B_k)}.$$

5.2 確率分布の概念

統計学を理解するうえで，確率変数，確率関数 (または確率密度関数)，確率分布は重要な概念である．これらは値がとる型 (離散型と連続型) によって扱いが異なる．この 5.2 節では，確率分布の考え方と確率分布の理解に必要な期待値 (平均) と分散の求め方について説明する．続く 5.3, 5.4, 5.5 節で具体的な確率分布について説明する．

5.2.1 確率変数と確率分布

1) **確率変数**とは，扱っている現象に対して変数 X を定義し，その生じる結果を確率 $P(X = x)$ とともに示す変数である．前節からの続きで，サイコロ投げについて説明する．出る目は 1, 2, 3, 4, 5, 6 のいずれかであるが，何が出るかはわからない．しかし，歪みのないサイコロならば各々の目の出る確率は $1/6$ である．サイコロの場合，出る目の値を確率変数 X と表し，確率変数 X のとりうる値 x に対する確率は，

$$P(X = x) = \frac{1}{6} \quad (x = 1, 2, 3, 4, 5, 6)$$

と表す．これを一般的な定義で示す．確率変数 X のとりうる値を $\{x_1, x_2, \cdots\}$ とするとき，確率変数 X のとりうる値 x_i $(i = 1, 2, \cdots)$ に対する確率は，

$$P(X = x_i) = f(x_i) \quad (i = 1, 2, \cdots)$$

と表す．ここで，$f(x_i)$ $(i = 1, 2, \cdots)$ は**確率関数**といい，次の条件を満たす．

$$0 \le f(x_i) \le 1, \qquad \sum_i f(x_i) = 1$$

ここまで示した確率変数 X は離散的な (とびとびの) 値をとるものであり，これを**離散型確率変数**という．確率変数 X が連続的な値 (実数値) をとるとき，**連続型確率変数**という．連続型確率変数に対する確率を考えるときは，いかなる 1 点 a についても $P(X = a) = 0$ となることから，積分を利用した定義が必要となる．たとえば，高校 3 年生の男子のなかから一人選び，その男子の身長が 175 cm 以上 185 cm 以下，つまり [175, 185] である確率を求めたいとき，連続型確率変数 X に対して区間 $[a, b]$ の値をとる確率が

$$P(a \le X \le b) = \int_a^b f(x)\, dx$$

で表されるような非負関数 $f(x) \ge 0$ を考える．この関数を**確率密度関数**とよ

5.2 確率分布の概念　　　　　　　　　　　　　　　　　　　　　　　　97

ぶ. 確率の定義より，条件

$$\int_{-\infty}^{\infty} f(x)\, dx = 1$$

を満たす. もし，確率変数 X が存在する全範囲が $(0, \beta]$, (α, β) といった場合，これらに対応する全区間において積分が 1 となると考えればよいが，範囲外は $f(x) = 0$ と定義し，全区間を $(-\infty, \infty)$ としてもよい. さらに，$P(X = a) = 0$ となることから，区間 (a, b) の値をとる確率も

$$P(a < X < b) = \int_a^b f(x)\, dx$$

と表す.

2) 確率分布とは，確率変数 X のとりうる値とそれらの確率との対応関係をいう. サイコロの場合，1 から 6 のどの値に対しても一様な確率で生じるので，このような離散型確率分布を**離散一様分布** (5.4.1 項参照) という. 0 から 1 の実数を確率変数として乱数発生させることがある. このような連続型確率分布を**一様分布** (連続一様分布) (5.5.1 項参照) という. いくつかの代表的な確率分布には名前がついており，次節から順に説明する.

離散型，連続型のどちらの確率分布に対しても，**累積分布関数 (分布関数)** は $F(x) = P(X \leq x)$ と定義される.

離散型確率分布の累積分布関数は，

$$F(x) = P(X \leq x) = \sum_{x_i \leq x} f(x_i)$$

と表され，連続型確率分布の累積分布関数は，

$$F(x) = P(X \leq x) = \int_{-\infty}^{x} f(u)\, du$$

と表す. 累積分布関数が連続で微分可能のとき，その導関数は確率密度関数になる.

確率変数 X と特定の確率分布 D に対応関係がある場合，**確率変数 X は確率分布 D に従う**という。たとえば，サイコロを 1 回投げるときの出る目を確率変数 X とすると，確率変数 X は 1 から 6 の値をとる離散一様分布に従うという[4].

---

4) 「従う」という用語は統計学特有のものではあるが，頻繁にでてくるので覚える必要がある. また，「従う」ことを $X \sim D$ のように記号 "$\sim$" を使って表す.

図 5.2.1 は，離散型確率分布の確率関数と累積分布関数の例である．このように累積分布関数は階段状になる．連続型確率分布の確率密度関数と累積分布関数に関しては，図 3.2.6 のヒストグラムの 4 つのパターンと図 3.2.7 の累積分布図の 4 つのパターンを参考にされたい．

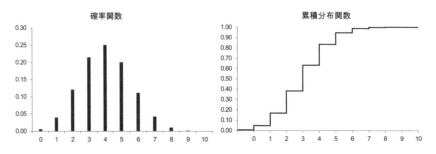

図 5.2.1　離散型確率分布の確率関数と累積分布関数

5.2.2 期待値と分散

確率変数の**期待値**は，確率変数がとるであろうと期待する値で，離散型確率変数 X の場合は，

$$\mu = E[X] = \sum_i x_i f(x_i)$$

連続型確率変数 X の場合は，

$$\mu = E[X] = \int_{-\infty}^{\infty} x f(x)\, dx$$

と定義される[5]．期待値は分布の重心を表し，確率分布の「位置の尺度」として用いられる．期待値は平均とよぶことがある．その理由を上で定義した期待値と，第 3 章で説明した記述統計の平均との関係で述べる．

確率変数 X がある離散型確率分布に従う場合を考える．サイズ n のデータがあり，$X = x_i$ という値に対して，その度数を n_i ($i = 1, 2, \cdots$) とする．このとき，相対度数は n_i/n と表すことができ，データの平均は $\bar{x} = \sum_i x_i n_i / n$ となる．一方，$X = x_i$ という値に対してその確率を $f(x_i) = p_i$ と表すと，期待値は $\mu = E[X] = \sum_i x_i p_i$ となる．大数の法則 (6.3 節参照) より，相対度数 n_i/n は n が大きくなるとき確率 p_i に近づくことから，データの平均 $\bar{x}$ は期待

---

5)　記号 μ（ミュー）は平均 (mean) の頭文字 m に対するギリシア文字である．

5.2 確率分布の概念

値 μ に近づく．期待値 μ は平均 $\bar{x}$ に対応し，確率分布の理論的な平均[6] を表す．連続型確率分布の場合も同様に考えることができる[7]．

確率変数 X の関数 $g(X)$ も確率変数となり，確率変数 $g(X)$ の期待値が定義できる．具体的には，離散型確率変数の場合は，

$$E[g(X)] = \sum_i g(x_i)f(x_i)$$

連続型確率変数の場合は，

$$E[g(X)] = \int_{-\infty}^{\infty} g(x)f(x)\,dx$$

となる．たとえば，$g(X) = (X - \mu)^2$ とおくことによって，確率分布の「散らばりの尺度」である**分散** σ^2 が定義できる．分散は平均 μ からの偏差の 2 乗の期待値といい換えることができる．離散型確率変数，連続型確率変数のそれぞれの場合に対して，

$$\sigma^2 = E[(X - \mu)^2] = \sum_i (X - \mu)^2 f(x_i),$$

$$\sigma^2 = E[(X - \mu)^2] = \int_{-\infty}^{\infty} (X - \mu)^2 f(x)\,dx$$

となり，これらの平方根は**標準偏差**である[8]．$E[(X - \mu)^2]$ は $V[X]$ と表すこともあるので注意されたい．分散 σ^2 は第 3 章で説明した記述統計の分散に対応し，確率分布の理論的な分散[9] を表す．

分散 σ^2 は，

$$\sigma^2 = E[(X - \mu)^2] = E[X^2] - \mu^2$$

と変形でき，確率変数 X^2 の期待値から μ^2 を引いて求められる．これらの具体的な計算は，5.3 節以降で説明する確率分布の期待値と分散を求める際に必要となる．

2 つの独立な確率変数 X と Y の和の期待値と分散について説明する．確率変数 X と Y が**独立**であるとは，互いに関係がないことで，共分散は 0 となる[10]．ここ

---

6) 第 6 章で述べる「母平均」のこと．
7) 文献［7］などを参照．
8) 記号 σ（シグマ）は s に対するギリシア文字である．
9) 第 6 章で述べる「母分散」のこと．
10) たとえば，2 人兄弟の身長を考え，確率変数 X が兄の身長，Y が弟の身長であるなら，これらの間には関係があるため共分散は 0 にはならない．

では, 離散型確率変数の場合について説明するが, 連続型も同様に説明できる[11].
確率変数 X の確率関数, 期待値, 分散をそれぞれ $f(x_i)$ $(i = 1, 2, \cdots)$, μ_x, σ_x^2
とし, 確率変数 Y の確率関数, 期待値, 分散をそれぞれ $g(y_j)$ $(j = 1, 2, \cdots)$,
μ_y, σ_y^2 とする. このとき, $X + Y$ の期待値は,

$$
\begin{aligned}
E[X + Y] &= \sum_i \sum_j (x_i + y_j) f(x_i) g(y_j) \\
&= \sum_i x_i f(x_i) + \sum_j y_j g(y_j) = E[X] + E[Y] = \mu_x + \mu_y
\end{aligned}
$$

となる. また, $X - Y$ の期待値は $\mu_x - \mu_y$ となる. $X + Y$ の分散は,

$$
\begin{aligned}
&E[((X + Y) - (\mu_x + \mu_y))^2] \\
&= E[(X - \mu_x)^2 + (Y - \mu_y)^2 + 2(X - \mu_x)(Y - \mu_y)] \\
&= E[(X - \mu_x)^2] + E[(Y - \mu_y)^2] + 2E[(X - \mu_x)(Y - \mu_y)]
\end{aligned}
$$

と分解できる. 第3項の $E[(X - \mu_x)(Y - \mu_y)]$ は X と Y の共分散であり, 確率変数 X と Y が独立であることから 0 となる. つまり,

$$
E[((X + Y) - (\mu_x + \mu_y))^2] = E[(X - \mu_x)^2] + E[(Y - \mu_y)^2] = \sigma_x^2 + \sigma_y^2
$$

となる.

$$
V[X + Y] = V[X] + V[Y] = \sigma_x^2 + \sigma_y^2
$$

と表してもよい. $X - Y$ の分散は $\sigma_x^2 + \sigma_y^2$ になることに注意されたい.

　同様に, n 個の互いに独立な確率変数の和に対しても適用でき, その和の期待値と分散は, それぞれの確率変数の期待値の和および分散の和となる. この関係は**期待値の加法性**と**分散の加法性**という. なお, 期待値の加法性は確率変数が独立でない場合でも成り立つが, 分散については, $E[(X - \mu_x)(Y - \mu_y)] \neq 0$ より成り立たないので注意されたい.

　特に, n 個の確率変数 $X_1, X_2, \cdots, X_n$ が互いに独立に平均 μ, 分散 σ^2 の同一の確率分布に従うとき, それらの和 $T = \sum_{i=1}^{n} X_i$ および平均 $\bar{X} = \sum_{i=1}^{n} X_i/n$ の期待値と分散は, それぞれ

$$
E[T] = n\mu, \qquad V[T] = n\sigma^2
$$

$$
E[\bar{X}] = \mu, \qquad V[\bar{X}] = \frac{\sigma^2}{n}
$$

---

11)　文献 [8] などを参照.

5.3 二項分布と正規分布 101

となる．これらは非常に重要な性質である．

5.2 節の重要事項

○**期待値の加法性** (確率変数 X と Y の和および差の期待値)

$$E[X \pm Y] = E[X] \pm E[Y] = \mu_x \pm \mu_y \quad (\text{複号同順})$$

○**分散の加法性** (独立である確率変数 X と Y の和および差の分散)

$$V[X \pm Y] = V[X] + V[Y] = \sigma_x^2 + \sigma_y^2$$

※ 確率変数が独立でないときは成り立たない．

○**期待値と分散の性質**

n 個の確率変数 $X_1, X_2, \cdots, X_n$ が互いに独立に平均 μ，分散 σ^2 の同一の確率分布に従うとき，それらの和 $T = \sum_{i=1}^{n} X_i$ および平均 $\bar{X} = \sum_{i=1}^{n} X_i/n$ の期待値と分散は，それぞれ

$$E[T] = n\mu, \qquad V[T] = n\sigma^2$$

$$E[\bar{X}] = \mu, \qquad V[\bar{X}] = \frac{\sigma^2}{n}$$

5.3 二項分布と正規分布

ここでは，統計学を学ぶうえで必須である二項分布と正規分布について説明する．二項分布と正規分布は，それぞれ**離散型確率分布**と**連続型確率分布**の代表とされる．これら以外の確率分布のいくつかは 5.4 節，5.5 節で解説する[12]．

5.3.1 ベルヌーイ分布

二項分布は基本的な離散型確率分布であるが，二項分布を理解するためには，先に**ベルヌーイ** (Bernoulli) **分布**を知る必要がある．たとえば，コイン投げ，サイコロ投げ，おみくじを引くなどによって，表が出る，1 の目が出る，大吉が出るなどの結果がわかる．このような行動を**試行**といい，これらの結果は確率で決まる．

---

12) 確率分布についてはその性質 (期待値，分散など) を示すだけで導出の証明はしない．文献 [5]，[8] などを参照してほしい．

102   5. 確率と確率分布

　試行ごとに 2 種類の結果のいずれかが決まる場合を考える．たとえば，コインの表裏，サイコロの目が 1 の目かそれ以外の目か，おみくじが大吉か否かなどである．結果はそのときによって異なるが，結果の生じる確率は一定で，各回の試行結果が互いに独立であるような試行[13) をベルヌーイ試行という．2 種類の結果を「成功」と「失敗」と表現することが多く，それぞれを「1」と「0」の数値よって表す．一般に，成功 ($X = 1$) である確率を p $(0 \leq p \leq 1)$ とする．なお，1 回のベルヌーイ試行の確率分布を確率 p のベルヌーイ分布とよび，その確率関数は，

$$P(X = 1) = f(1) = p, \quad P(X = 0) = f(0) = 1 - p \quad (0 \leq p \leq 1)$$

と表され，期待値と分散は，それぞれ

$$\mu = E[X] = 1 \times p + 0 \times (1 - p) = p,$$

$$\sigma^2 = E[(X - \mu)^2] = E[X^2] - \mu^2$$

$$= 1^2 \times p + 0^2 \times (1 - p) - p^2 = p - p^2 = p(1 - p)$$

となる．歪みのないコイン投げの場合，表が出る確率 p は 1/2 である．つまり，1 回のベルヌーイ試行で表が出る期待値は 1/2 で，分散は 1/4 となる．また，歪みのないサイコロ投げの場合，1 の目が出る確率 p は 1/6 である．つまり，1 回のベルヌーイ試行で 1 の目が出る期待値は 1/6 で，分散は 5/36 である．

5.3.2　二項分布

　成功確率 p のベルヌーイ試行を n 回行ったとする．n 回中の成功回数 X を確率変数としたとき，成功回数 $X = x$ に対する確率関数は，

$$P(X = x) = f(x) = {}_nC_x p^x (1 - p)^{n-x} \quad (x = 0, 1, 2, \cdots, n)$$

となる．この式の ${}_nC_x$ は，n 回中，成功が x 回生じる「場合の数」である．x 回の成功と，残り $n - x$ 回の失敗となる特定の試行 (たとえば，011000100…0) が生じる確率は $p^x (1 - p)^{n-x}$ である．これらをかけ合わせることによって，n 回中 x 回成功する確率が求まる．成功回数 X の確率分布は二項分布とよび，n と p が与えられると確率分布が決まるので，記号 $B(n, p)$ と表す．成功確率 p のベルヌーイ分布は $n = 1$ の場合の二項分布と同じなので，$B(1, p)$ と表す．二項分布の期待値と分散は，それぞれ

---

　13)　それまでの試行結果が次の試行結果に影響をおよぼさない試行を独立試行という．

$$\mu = E[X] = np,$$
$$\sigma^2 = E[(X-\mu)^2] = np(1-p)$$

となる．5.2.1 項にある図 5.2.1 は，二項分布 $B(10, 0.4)$ の確率関数と累積分布関数である．

> **例 5.4** 歪みのないコインを 10 回投げた場合，表が 3 回出る確率は $120 \times (1/2)^3 \times (1/2)^7$ と計算できる．また，10 回の試行で表が出る回数の期待値は $10 \times (1/2) = 5$ で，分散は $10 \times (1/2) \times (1/2) = 5/2$ である．
>
> 歪みのないサイコロを 10 回投げた場合，1 の目が 3 回出る確率は $120 \times (1/6)^3 \times (5/6)^7$ と計算できる．また，10 回の試行で 1 の目が出る回数の期待値は $10 \times (1/6) = 5/3$ で，分散は $10 \times (1/6) \times (5/6) = 25/18$ である．

独立に二項分布 $B(n_x, p)$, $B(n_y, p)$ に従う 2 つの確率変数 X と Y の和 $X+Y$ は，試行回数 $n_x + n_y$ の二項分布 $B(n_x + n_y, p)$ に従う．この性質を**二項分布の再生性**という．

5.3.3　正 規 分 布

統計学で用いる分布のなかで最も重要な連続型確率分布が**正規分布** (ガウス (Gauss) 分布) である．その重要性については第 6 章で示すが，ここでは，正規分布の定義や性質について述べる．また，前節で示した二項分布と正規分布の関係についても説明する．

正規分布の確率密度関数は，

$$f(x) = \frac{1}{\sqrt{2\pi\sigma^2}} \exp\left[-\frac{(x-\mu)^2}{2\sigma^2}\right] \quad (-\infty < x < \infty)$$

となり，平均 μ と分散 σ^2 によって決まるので，記号 $N(\mu, \sigma^2)$ と表す．図 5.3.1 は正規分布 $N(\mu, \sigma^2)$ の確率密度関数である．この関数は平均 μ を中心にして左

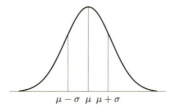

図 5.3.1　正規分布 $N(\mu, \sigma^2)$ の確率密度関数

右対称で，$x = \mu$ において最大値をとる単峰でなめらかな曲線である．$x = \mu - \sigma$，$x = \mu + \sigma$ の各点が変曲点となることから，$\mu - \sigma < x < \mu + \sigma$ の範囲で上に凸，その外側 $x < \mu - \sigma$，$x > \mu + \sigma$ で下に凸である．X が $[\mu - \sigma, \mu + \sigma]$ に入る確率は約 68 %，$[\mu - 2\sigma, \mu + 2\sigma]$ に入る確率は約 95 %，$[\mu - 3\sigma, \mu + 3\sigma]$ に入る確率は約 99.7 %である．3.3.2 項の 5) で示した **68–95–99.7 ルール**の基になっている．

正規分布には次の性質がある．

1) 確率変数 X が正規分布 $N(\mu, \sigma^2)$ に従うとき，X の 1 次関数 $aX + b$ は正規分布 $N(a\mu + b, a^2\sigma^2)$ に従う．

2) 1) の特殊な場合として

$$Z = \frac{X - \mu}{\sigma}$$

と変換すると，Z は平均 0，分散 1 の正規分布 $N(0, 1)$ に従う．

ここで，$N(0, 1)$ を**標準正規分布**という．Z の形の変換を**標準化**といい，データはこの標準化を用いて分析することが多い[14]．標準正規分布の確率密度関数は，

$$\phi(z) = \frac{1}{\sqrt{2\pi}} \exp\left(-\frac{z^2}{2}\right) \quad (-\infty < z < \infty)$$

また，累積分布関数は，

$$\Phi(u) = \int_{-\infty}^{u} \frac{1}{\sqrt{2\pi}} \exp\left(-\frac{z^2}{2}\right) dz$$

と表す．

3) 確率変数 X と Y が独立に正規分布 $N(\mu_x, \sigma_x^2)$，$N(\mu_y, \sigma_y^2)$ に従うとき，確率変数 $X \pm Y$ は正規分布 $N(\mu_x \pm \mu_y, \sigma_x^2 + \sigma_y^2)$ に従う．この和に関する性質を**正規分布の再生性**という．

2) で説明した標準正規分布に関して，一般の統計学のテキストでは，ある値 u に対して，累積分布関数 (下側確率) $\Phi(u)$ あるいは**上側確率** $Q(u) = 1 - \Phi(u)$ の値の数表が掲載されている．本書は上側確率 $Q(u) = 1 - \Phi(u)$ の値の数表を付表 1 に示す (図 5.3.2 参照)．標準化とこの表から，任意の平均，分散 (または標準偏差) をもつ正規分布の下側，上側，両側，両側を除いた内側の確率を求めることができる．

---

14) 3.4 節で説明した標準化と標準化得点，偏差値は正規分布の性質を応用したものである．そのため，正規分布から大きく逸脱している分布について標準化得点や偏差値を用いることは好ましくない．

5.3 二項分布と正規分布

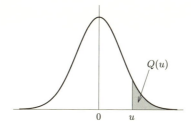

図 5.3.2　標準正規分布の上側確率 $Q(u)$

標準化された変数 Z において，しばしば参照されるいくつかの確率がある．これらは覚えておくとよい．

$$P(Z \geq 1.28) = 0.10,$$
$$P(Z \geq 1.645) = 0.05,$$
$$P(Z \geq 1.96) = 0.025,$$
$$P(-1.645 \leq Z \leq 1.645) = 0.90,$$
$$P(-1.96 \leq Z \leq 1.96) = 0.95$$

4) **ド・モアブル=ラプラス** (De Moivre=Laplace) **の定理**：　二項分布 $B(n, p)$ において，n が大きいとき，正規分布 $N(np, np(1-p))$ で近似できる．

例 5.5　二項分布の確率を正規分布近似で求める例を示す．たとえば，確率変数 X が従う分布が二項分布 $B(50, 0.4)$ であるとき，$P(X = 25) \fallingdotseq 0.0405$ である．この確率を，確率変数 Y が従う正規分布 $N(20, 12)$ を用いて求めると次のようになる．

$$P(X = 25) \fallingdotseq P(24.5 \leq Y < 25.5)$$
$$= P\left(\frac{24.5 - 20}{\sqrt{12}} \leq Z < \frac{25.5 - 20}{\sqrt{12}}\right)$$
$$= P(1.30 \leq Z < 1.59) \fallingdotseq 0.0409$$

第 1 辺は二項分布における確率である．第 1 辺から第 2 辺の書き換えが正規分布近似を意味する．第 2 辺では，離散型確率分布から連続確率分布であるための調整 (**連続修正**という (5.6 節)) を行っている．第 3 辺以降は標準化 Z へ変換し，標準正規分布の表を用いて値を導出する．

― ガウス分布 ―

正規分布は**ガウス分布**ともよばれる．特に，ガウスの出生国であるドイツでは正規分布よりガウス分布として知られる[15]．名前の由来から正規分布はガウスにより発見されたように思われるかもしれないが，ガウスは正規分布を利用した人物である．

1733 年，ド・モアブルが二項分布の正規近似を示した．その後，この性質をラプラスがより精密に議論したため，二項分布の正規近似を**ド・モアブル=ラプラスの定理**とよぶ．1809 年，ガウスは観測値の偶然誤差が正規分布に従うことや，4.5.2 項で説明した最小 2 乗法などについて詳細に論じた．なお，正規分布の名称は 1900 年頃，ピアソンによって命名された．

下図は二項分布 $B(n, 0.05)$ で，手前から $n = 10, 30, 100$ の変化を示す．成功確率 p が小さいので，n が小さいときは左に分布のピークがあることがわかる．このような場合でも，$n = 100$ になると正規分布の形になることがみてとれる．

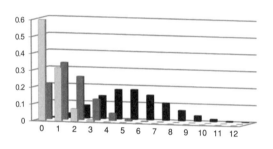

5.3 節の重要事項

○ベルヌーイ分布 $B(1, p)$ の期待値と分散　$\mu = p$, $\sigma^2 = p(1-p)$
○二項分布 $B(n, p)$ の期待値と分散　$\mu = np$, $\sigma^2 = np(1-p)$
○正規分布 $N(\mu, \sigma^2)$ の性質
1) 確率変数 X が $N(\mu, \sigma^2)$ に従うとき，$aX + b$ は $N(a\mu + b, a^2\sigma^2)$ に従う．
2) 確率変数 X が $N(\mu, \sigma^2)$ に従うとき，$Z = (X - \mu)/\sigma$ は $N(0, 1)$ に従う．
3) 確率変数 X と Y が独立に $N(\mu_x, \sigma_x^2)$, $N(\mu_y, \sigma_y^2)$ に従うとき，$X \pm Y$ は $N(\mu_x \pm \mu_y, \sigma_x^2 + \sigma_y^2)$ に従う．

○二項分布の正規分布近似（ド・モアブル=ラプラスの定理）
二項分布 $B(n, p)$ は n が大きいとき正規分布 $N(np, np(1-p))$ で近似できる．

---

[15] 10 ドイツマルク紙幣の肖像画はガウスであり，正規分布が描かれている．

5.4 主な離散型確率分布

5.3 節で説明した二項分布と正規分布は必ず理解しておくべき確率分布であるが，これら以外にも多くの確率分布がある．本節では 3 種類の離散型確率分布を，次の 5.5 節では 2 種類の連続型確率分布を紹介する．

5.4.1 離散一様分布

確率変数 X がとる値が k 種類あった場合を考える．k 種類の値が生じる確率が等しく $1/k$ であるような分布を**離散一様分布**という．たとえば，0 から 9 の目の出る乱数サイコロ（正 20 面体に 0 から 9 の数値が 2 つずつ書かれている）は，どの目も出る確率は 1/10 である．一般のサイコロも同様で，どの目も出る確率は 1/6 である．このように k 種類に対して，各々が生じる確率が $1/k$ であることを**同様に確からしい**という．

各種乱数サイコロ

例 5.6 乱数サイコロを 1 回投げるときに出る目の値の期待値 μ と分散 σ^2 は，

$$\mu = E[X] = 0 \times \frac{1}{10} + 1 \times \frac{1}{10} + \cdots + 9 \times \frac{1}{10} = \frac{45}{10} = 4.5,$$

$$\sigma^2 = E[(X-\mu)^2]$$
$$= E[X^2] - \mu^2$$
$$= 0^2 \times \frac{1}{10} + 1^2 \times \frac{1}{10} + \cdots + 9^2 \times \frac{1}{10} - 4.5^2 = 8.25$$

となる．

5.4.2 超幾何分布

箱の中に M 個の赤玉と $N-M$ 個の白玉が入っている場合を考える．この箱の中をよくかき混ぜて無作為に n 個の玉を取り出す．n 個のうち赤玉の個数を確率変数 X とするとき，X の従う確率分布を**超幾何分布**という．

N 個のなかから赤玉と白玉の区別なく n 個を取り出す「場合の数」は $_N C_n$ である．また，赤玉が x 個，白玉が $n-x$ 個となる「場合の数」は $_M C_x \times {}_{N-M} C_{n-x}$ である．これらから，確率関数は，

$$P(X=x) = \frac{{}_M C_x \times {}_{N-M} C_{n-x}}{{}_N C_n}$$

と表される.ただし,x は整数で,とりうる値の範囲は $\max\{0, n-(N-M)\} \leq x \leq \min\{n, M\}$ である.期待値と分散は,それぞれ

$$\mu = E[X] = n\left(\frac{M}{N}\right),$$

$$\sigma^2 = E[(X-\mu)^2] = n\left(\frac{M(N-M)}{N^2}\right) \times \frac{N-n}{N-1}$$

である.箱の中の玉の総数 N が大きいとき超幾何分布は二項分布で近似できることが知られている.$p = M/N$ とおくと,期待値と分散は,それぞれ

$$\mu = E[X] = np,$$

$$\sigma^2 = E[(X-\mu)^2] = np(1-p) \times \frac{N-n}{N-1}$$

と書き直せる.この分散は,二項分布の分散に $(N-n)/(N-1)$ をかけた値であり,このかけ算の部分を**有限母集団修正**とよぶ.$N \to \infty$ に対して,$(N-n)/(N-1) \to 1$ になることからも,N が大きいとき超幾何分布が二項分布で近似でき,さらには,正規分布で近似できることがわかる.

超幾何分布を用いた以下のような応用例がある.

・**抜取検査**: ロット(製品単位)管理をしている場合の品質管理の検査方法の一つである.大きさ N の製品のロットから無作為に n 個を抜き取り,不適合品数 X がある値より大きければそのロットを不合格,それ以下なら合格とする検査方法をいう.超幾何分布を用いて不適合品が含まれる確率を予測する.

・**捕獲再捕獲法**(図 5.4.1 参照): たとえば,ある湖の魚の個体数 N を調べることを目的とする.まず,① 無作為に M 匹を捕獲し,「印●」を付けて,② 放流する.しばらくして,③ n 匹を捕獲し,そのうち「印●」の付いた,④ 個体数 x を数えることから,個体数 N を推定する.図 5.4.1 は $M=8$, $n=5$, $x=2$ である.これより,$N = 8 \times 5/2 = 20$ と推定する.

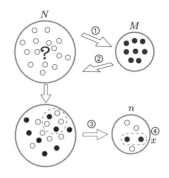

図 5.4.1 捕獲再捕獲法

5.4.3 ポアソン分布

試行回数 n,成功確率 p の二項分布 $B(n,p)$ において,期待値 $np = \lambda$ を固定し,$n \to \infty, p \to 0$ の極限として得られる確率分布が**ポアソン (Poisson) 分布**である.n が大きく p が小さいことからわかるように,ポアソン分布は「まれに生じる現象」に対して利用する.たとえば,個人が交通事故で死亡する確率は小さいが,1 日に日本で約 11 名が平均して亡くなっている[16].また,一定時間内に生じる不適合品についても同じことがいえ,多量の生産に対して数個の不適合品が生じる.歴史的にはプロシア陸軍で馬に蹴られて死亡する兵士数のデータに利用され,あてはまりがよいことが知られている (コラムで取り上げる).

ポアソン分布を利用する際に大切なことは,確率現象がランダムに生じることであり,ある時間帯に不適合品が多くでるなど,何らかの状況に関係するような場合は利用しないほうがよい.

ポアソン分布の確率関数は,

$$f(x) = \frac{e^{-\lambda}\lambda^x}{x!} \quad (x = 0, 1, 2, \cdots)$$

となる.(たとえば,$\lambda = 11$ とおくと,1 日の交通事故死の人数を確率変数 X としたときの確率関数が求まる.) ポアソン分布の確率関数は λ だけで決まるので,記号 $Po(\lambda)$ と表す.期待値と分散は,それぞれ

$$\mu = E[X] = \lambda,$$
$$\sigma^2 = E[(X - \mu)^2] = \lambda$$

である.二項分布の期待値と分散がそれぞれ $np, np(1-p)$ であることから,

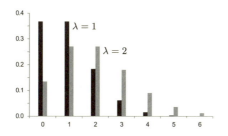

図 5.4.2 $\lambda = 1$, $\lambda = 2$ のポアソン分布の例

---

16) 平成 27 年中の全国の交通事故死者数は 4,117 人.(警察庁交通局)

$np = \lambda$ を固定し，$n \to \infty$, $p \to 0$ の極限からも導かれる．期待値と分散がともに同じ λ になることはポアソン分布の大きな特徴である．さらに，二項分布と同様，**ポアソン分布の再生性**があり，X と Y が独立に $Po(\lambda_x)$，$Po(\lambda_y)$ に従うとき，和 $X + Y$ は $Po(\lambda_x + \lambda_y)$ に従う．$\lambda = 1$，$\lambda = 2$ のポアソン分布を図 5.4.2 に示す．

5.4 節の重要事項

○超幾何分布の期待値と分散
$$\mu = n\left(\frac{M}{N}\right), \quad \sigma^2 = n\left(\frac{M(N-M)}{N^2}\right) \times \frac{N-n}{N-1}$$

○超幾何分布の性質
$p = M/N$ とおくと，$\mu = np$，$\sigma^2 = np(1-p) \times (N-n)/(N-1)$ と書き直すことができる．分散は，二項分布の分散に $(N-n)/(N-1)$ をかけた値 (有限母集団修正) である．

○ポアソン分布 $Po(\lambda)$ の期待値と分散　$\mu = \lambda$，$\sigma^2 = \lambda$

○二項分布とポアソン分布
二項分布 $B(n,p)$ において，期待値 $np = \lambda$ を固定し，$n \to \infty$, $p \to 0$ の極限がポアソン分布 $Po(\lambda)$ である．

5.5　主な連続型確率分布

5.5.1　一 様 分 布

連続型確率変数 X が区間 $[a, b]$ 内の値をとり，どの値も同程度で生じる分布を**一様分布** (矩形分布) とよぶ．確率密度関数は，

$$f(x) = \frac{1}{b-a} \quad (a \le x \le b)$$

となる．a と b が与えられると確率分布が決まるので，記号 $U(a, b)$ と表す．5.4.1 項で説明した離散一様分布と区別するとき，**連続一様分布**という．その期待値と分散は，それぞれ

$$\mu = E[X] = \int_a^b \frac{x}{b-a}\, dx = \frac{a+b}{2},$$
$$\sigma^2 = E[(X-\mu)^2] = \int_a^b \frac{(x-\mu)^2}{b-a}\, dx = \frac{(b-a)^2}{12}$$

5.5 主な連続型確率分布

─── プロシア陸軍で馬に蹴られて死亡する兵士数のデータ ───

ロシア生まれ、ドイツで活躍した経済学者・統計学者のボルトキーヴィッチによる「プロイセン陸軍で馬に蹴られて死亡した兵士数」のデータがポアソン分布の歴史の話で用いられる。表1は、14連隊に対して1875年から1894年の20年間 (280連隊) を調べたものである[17]。ここで、G は近衛連隊である。表2は、280連隊を死亡者数別に集計した表である。これから、1連隊あたりの死亡平均数は 0.70 人が導かれる。表3は、G, I, VI, XI を除いた 200 連隊に対するもので、1連隊あたりの死亡平均数は 0.61 人である[18]。

表2や表3より、これらがポアソン分布で近似できるか否かについては 8.4.1 項の適合度検定を用いて考察する。

表1 プロイセン陸軍で馬に蹴られて死亡した兵士数

	75	76	77	78	79	80	81	82	83	84	85	86	87	88	89	90	91	92	93	94
G		2	2	1			1	1		3		2	1			1		1		1
I				2		3	2					1	1	1		2		3	1	
II				2		2			1	1		2	1	1				2		
III				1	1	1	2		2			1		1	2	1				
IV		1		1	1	1	1				1					1	1			
V				2	1				1				1	1	1	1	1	1		
VI			1		2			1	2		1	1	3	1	1		3			
VII	1					1	1	1				2			2	1		2		
VIII	1			1			1					1				1	1			1
IX					2	1	1	1		2	1	1		1	2		1			
X		1	1		1		2		2				2	1	3			1	1	
XI				2	4		1	3				1	1	2	1	3	1	3	1	
XIV	1	1	2	1	1	3		4			1	3	2	1		2	1	1		
XV		1						1		1	1			2	2					

表2 表1のまとめ

死亡者	0人	1人	2人	3人	4人	5人以上	計
連隊数	144	91	32	11	2	0	280

表3 表1より G, I, VI, XI を除いたまとめ

死亡者	0人	1人	2人	3人	4人	5人以上	計
連隊数	109	65	22	3	1	0	200

---

17) 出典:Ladislaus von Bortkewitsch (1898)『少数の法則 (Das Gesetz der kleinen Zahlen)』, p.24 より引用。
18) ポアソン分布の話として、他の書籍では表3が示されることが多い。

となる．一様分布の形状は図 3.2.6 ヒストグラムの 4 つのパターンの②と同等である．

5.5.2 指 数 分 布

非負の実数値をとる連続型確率変数 X の確率密度関数が

$$f(x) = \lambda e^{-\lambda x} \quad (0 \leq x \leq \infty)$$

のように定義されるとき，この確率分布を**指数分布**とよぶ．ポアソン分布と同様，確率密度関数は λ のみで決まるので，記号 $Exp(\lambda)$ と表す．期待値と分散は，それぞれ

$$\mu = E[X] = \frac{1}{\lambda},$$
$$\sigma^2 = E[(X-\mu)^2] = \frac{1}{\lambda^2}$$

となる．$\lambda = 1$, $\lambda = 2$ の指数分布を図 5.5.1 に示す．

5.4.3 項で説明したポアソン分布のいくつかの例は，一定の時間内に興味ある事象が生じる回数に関するものであった．指数分布はポアソン分布の見方を変えた分布で，事象が生じるまでの待ち時間の分布ととらえることができる．たとえば，$\lambda = 11$ の 1 日の交通事故死の人数について，1/11 (日) が交通事故による死者が生じる平均時間である．指数分布は生存時間 (死亡までの時間)，製品の寿命などのモデルで利用される．

指数分布の累積密度関数は

$$F(x) = P(X \leq x) = 1 - e^{-\lambda x} \quad (0 \leq x \leq \infty)$$

となり，x 時点まで生じない確率 $P(X > x) = 1 - F(x) = e^{-\lambda x}$ となる．これ

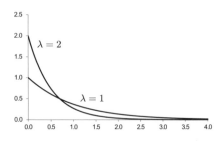

図 5.5.1 $\lambda = 1$, $\lambda = 2$ の指数分布の例

5.6 発展的な話題　　　　　　　　　　　　　　　　　　　　　　113

を用いると，次のような条件付き確率の関係式

$$P(X > t + x \,|\, X > t) = \frac{e^{-\lambda(t+x)}}{e^{-\lambda t}} = e^{-\lambda x} = P(X > x)$$

を導くことができる．これは，t 時点まで生じなかったという条件の下で，次の x 時点 (0 時点を基準にすると $t + x$ 時点) まで生じない確率が，0 時点から x 時点までに生じない確率と同じになるという意味である．つまり，長らく交通事故での死者がなかったからといって，次の時間帯で増えたり減ったりせず，どの時点から測っても同じように交通事故死の現象が続くことを意味する．この性質は**指数分布の無記憶性**といい，連続型確率分布では指数分布だけがもつ性質である．

5.5 節の重要事項

○ (連続) 一様分布の期待値と分散　　$\mu = \dfrac{a + b}{2}$,　$\sigma^2 = \dfrac{(b - a)^2}{12}$

○指数分布 $Exp(\lambda)$ の期待値と分散　　$\mu = \dfrac{1}{\lambda}$,　$\sigma^2 = \dfrac{1}{\lambda^2}$

○ポアソン分布と指数分布

　ポアソン分布 $Po(\lambda)$ は，一定時間内に生じる回数の分布である．

　指数分布 $Exp(\lambda)$ は，生じるまでの待ち時間の分布である．

　互いの見方を変えた分布である．

5.6　発展的な話題

ここでは連続修正について取り上げることにする．

例 5.5 において，二項分布の確率を正規分布近似で求める例を示した．再度，この問題を取り上げ，二項分布 $B(50, 0.4)$ の正規分布近似を考える．二項分布の期待値が $50 \times 0.4 = 20$，分散が $50 \times 0.4 \times 0.6 = 12$ なので，正規分布 $N(20, 12)$ が近似として利用する分布である．たとえば，二項分布 $B(50, 0.4)$ に従う確率変数 X において，$P(X = 25) \fallingdotseq 0.0405$ である．この確率を，正規分布 $N(20, 12)$ に従う確率変数 Y を用いて求めることを考えるが，正規分布は連続型確率分布であるため，どのような実数 y に対しても，$P(Y = y) = 0$ となる．つまり，$P(Y = 25) = 0$ である．

確率関数が従う二項分布は離散型確率分布であり，正規分布は連続型確率分布である．離散型確率分布の確率を連続型確率分布で近似するために区間 $[x-0.5, x+0.5]$ を考える．この方法を**連続修正**とよぶ．具体的には次のようになる．

$$P(X = 25) \fallingdotseq P(24.5 \leq Y < 25.5)$$

$$= P\left(\frac{24.5 - 20}{\sqrt{12}} \leq Z < \frac{25.5 - 20}{\sqrt{12}}\right)$$

$$= P(1.30 \leq Z < 1.59) \fallingdotseq 0.0409$$

となる．ここで，はじめの近似が，離散型確率分布から連続型確率分布への連続修正を表す．他にも $P(X \geq 25) = 0.0978$ に対して，

$$P(X \geq 25) \fallingdotseq P(Y \geq 24.5) = P\left(Z \geq \frac{24.5 - 20}{\sqrt{12}}\right)$$

$$= P(Z \geq 1.30) \fallingdotseq 0.0968$$

となり，比較的近い値である．もし，連続修正しなかったら，次のようになる．

$$P(X \geq 25) = P\left(Z \geq \frac{25 - 20}{\sqrt{12}}\right) = P(Z \geq 1.44) \fallingdotseq 0.0749$$

実際に求めたい 0.0978 に対して離れた値になっている．不等号が逆の場合は $P(X \leq 25) = P(Y \leq 25.5)$ のようにすればよい．

演習問題 5

1. 次の各問に答えよ．

(1) 本文で紹介したエフロンのサイコロ A と B を用いたとき，サイコロ A の目のほうが B の目より大きい確率が 2/3 であることを示せ．

(2) T さんは，会社帰りに最寄駅に着くと，はじめに到着した電車に乗る．電車は A 駅行きと，B 駅行きの 2 つある．A 駅行きは各時間の 5 分，25 分，45 分に到着し，B 駅行きは各時間の 10 分，30 分，50 分に到着する．T さんが A 駅行きの電車に乗る確率はいくらか．ただし，T さんが最寄駅に着く時間は一様であるとする．

(3) 1 万人中 1 人が感染する病気がある．新検査方法では 99 ％の精度で正確に判断でき，1 ％は誤った判断となる．次の確率をベイズの定理を用いて求めよ．

① A さんがこの検査で「陽性」と判断された．本当に感染している確率はいくらか．

② 「陽性」と判断された A さんが同じ検査方法で再検査し，また「陽性」と判断さ

5.6 発展的な話題 115

れた. 本当に感染している確率はいくらか. ただし, 毎回の検査結果は独立に判断されるとする.

2. A さんは, あるコンピュータと 5 回の囲碁対戦をする. 過去のデータから, A さんがこのコンピュータに勝つ確率は 1/3 であった. 次の確率を求めよ.

(1) 5 回中 3 回, A さんが勝つ確率はいくらか.

(2) A さんかコンピュータのどちらか先に 3 回勝つと終了する. このとき, A さんが先に 3 回勝つことで終了する確率はいくらか.

3. 男性の体重 X は平均 60 (kg), 分散は 10^2 の正規分布に従い, 女性の体重 Y は平均 50 (kg), 分散は 8^2 の正規分布に従う. ただし, どちらも服を着ているときの状況である.

(1) 次の文章の間違いを指摘せよ.

「互いに関係のない 2 人の男性と 3 人の女性が一緒にエレベータに乗った. このとき, 5 人の体重の合計は $T = 2X + 3Y$ なので, 平均 $= (2 \times 60) + (3 \times 50) = 270$(kg), 分散 $= (2^2 \times 10^2) + (3^2 \times 8^2) = 976 \fallingdotseq 31.2^2$ である.」

(2) 制限重量が 680 kg のエレベータに 10 人の男性が乗ったとき, 制限重量を超える確率を求めよ.

4. プロシア陸軍で馬に蹴られて死亡する兵士数のデータでは, 1 連隊あたりの死亡平均数が 0.70 人であった. 平均 0.70 のポアソン分布に従っているとして, 死亡者数が 0 人, 1 人, 2 人, 3 人, 4 人以上の発生確率を求めよ. $e^{-0.7} = 0.497$ を用いてよい.

6 章

母集団と標本

統計学を学ぶうえで，なぜ，確率が必要か？ 確率分布がどのような関係にあるのか？ という疑問が投げかけられる．それは**母集団**と**標本**を正しく理解することに関係する．1.1.2 項においても，母集団と母集団の縮図となる標本，そして，標本調査について述べたが，本章では，第 5 章の内容をふまえ，数学的に「標本」について説明する．

さらに第 7 章，第 8 章では，推測統計の 2 つの枠組みである推定と検定について解説する．推定・検定には，母集団の母数の推定量に関する知識が必要で，これらの推定量の標本分布の理解が重要である．本書では，母平均，母分散，母比率の推定量である標本平均，標本分散と不偏分散，標本比率を扱う[1]．6.2 節の重要事項に第 7 章，第 8 章で利用する事項をまとめてあるので，何かあったときにはそれを読まれたい．

6.1 母数と統計量

母集団について考察する際，母集団を形づける分布の**母数** (平均，分散，比率など) に興味をもつ．母数の値は唯一でこれが真値である．真値を知るためには，全数調査のみが可能で，標本調査では不可能である．しかし，単純無作為抽出より得られた標本を数学的に取り扱うことによって母数が推定できる．

母集団からサイズ n の標本として $X_1, X_2, \cdots, X_n$ (大文字) を抽出するとき，これらは n 個の確率変数である．どのような値になるかはわからないが，単純無作為抽出により得られた標本は，母集団がもつ分布 (**母集団分布**とよぶ) に従う[2]．実際に調査したとき，確率変数のそれぞれは観測値として実現される．一

---

1) 一般に，母集団の母数について記述する場合は「母」を，標本に対する統計量 (後述) や実現値に対しては「標本」を頭につけて区別する．たとえば，「母平均」と「標本平均」のように用語を区別する．

2) 単純無作為抽出で重要なことは，標本を形成している n 個の確率変数 $X_1, X_2, \cdots, X_n$ が互いに独立に母集団分布に従うことである．このとき，第 5 章で示した確率変数の性質が利用できる．

6.1 母数と統計量 117

般に，標本 $X_1, X_2, \cdots, X_n$ に対応する観測値は $x_1, x_2, \cdots, x_n$ (小文字) と記す[3]．標本のすべて，または一部の関数として表す量を**統計量**という．特に，推定を行う際に用いる統計量を**推定量**という．

母数のなかでも最も重要である**母平均**の推定量について説明する．サイズ n の標本 $X_1, X_2, \cdots, X_n$ に対して，これらすべてを用いた関数である**標本平均**

$$\bar{X} = \frac{1}{n}(X_1 + X_2 + \cdots + X_n) = \frac{1}{n}\sum_{i=1}^{n} X_i$$

は母平均の推定量の一つである[4]．

無作為に標本が得られたとしても，標本平均 $\bar{X}$ の実現値 $\bar{x}$ は真値ではなく，真値の近くの値ではあるが誤差がある．また，母集団が同じでも，標本ごとに標本平均の実現値は異なる．つまり，標本 $X_1, X_2, \cdots, X_n$ で生成された標本平均も確率変数である．一般には，標本は 1 度しか得ることができないが，もし，標本を何度も得ることができるなら，標本平均は何らかの分布に従う．これを標本平均 $\bar{X}$ の**標本分布**という．標本平均 $\bar{X}$ の標本分布は，いくつかの条件を満たせば，6.2 節にあるような理論的な確率分布が想定できる．

たとえば，n 個の確率変数 $X_1, X_2, \cdots, X_n$ が互いに独立に正規分布 $N(\mu, \sigma^2)$ に従うとき，和 $X_1 + X_2 + \cdots + X_n$ の分布は正規分布 $N(n\mu, n\sigma^2)$ に従う[5]ので，$\bar{X}$ は正規分布 $N(\mu, \sigma^2/n)$ に従う．つまり，標本平均 $\bar{X}$ の標本分布は正規分布 $N(\mu, \sigma^2/n)$ であり，$(\bar{X} - \mu)/\sigma$ が従う分布は正規分布 $N(0, 1/n)$ である．

標本平均 $\bar{X}$ についてはより実用的な性質がある．それは，母集団分布が正規分布でない場合でも，n が大きくなると標本平均の値は母平均に，標本分布は正規分布に近づくことである[6]．

母分散，母標準偏差，母比率の推定量として，標本分散，標本標準偏差，標本比率がある．標本分布は標本平均だけでなく，標本分散，標本標準偏差，標本比率についても考えることができる．つまり，標本分布は統計的推測のための統計量 (推定量) に対する確率分布としてとらえるとよい[7]．

母集団分布と標本分布の関係をより深く理解するため，図 6.1.1 を用いて説明

---

3) 大文字と小文字の違いは 5.2.1 項も参考にされたい．また，書籍によっては確率変数と観測値を区別せず記述することがあるが，本書ではできる限り，区別して説明する．
4) 平均の推定量としては，3.3.1 項で説明した中央値やトリム平均 (これらは標本の一部を用いた関数) もある．
5) 5.3 節の重要事項，正規分布の性質 3) より導かれる．
6) 詳しくは，6.3 節で説明する．
7) 統計的推測のための統計量には，推定量と後述の検定統計量がある．

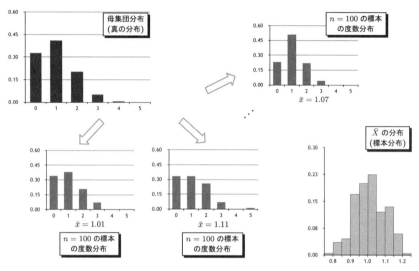

図 6.1.1 　母集団分布，標本の度数分布，標本分布の関係

する．図 6.1.1 の左上のグラフを母集団分布とする．ここでは，母集団をある大学における学生の 1 週間の遅刻回数と考える．この分布の母平均は 1.0，母分散は 0.8 である．遅刻回数を把握するため 100 人の学生を無作為に選んで，彼らに聞き取り調査をする．100 人に対する調査結果の度数分布図が左下端の図であり，これより標本平均 $\bar{X}$ の実現値 $\bar{x} = 1.01$ と計算できる．同様に，他の 100 人に対して同じ調査をしたとする．そのときの度数分布図が右隣の図であり，$\bar{x} = 1.11$ である．これを何度か繰り返すことができるならば，多くの実現値を求めることができる．

繰り返し得られた実現値 $\bar{x}$ の度数分布図が右下で，これが標本分布である．もし，無限回標本を抽出し，同様のことを繰り返すならば，標本分布は平均 1.0，分散 $0.8/100 = 0.008$ の正規分布となる．

6.1 節の重要事項

○標本平均 $\bar{X}$ の性質

n 個の確率変数 $X_1, X_2, \cdots, X_n$ が互いに独立に正規分布 $N(\mu, \sigma^2)$ に従うとき，
- 和 $X_1 + X_2 + \cdots + X_n$ の分布は $N(n\mu, n\sigma^2)$ に従う．
- $\bar{X}$ は $N(\mu, \sigma^2/n)$ に従う．
- $(\bar{X} - \mu)/\sigma$ は $N(0, 1/n)$ に従う．

6.2 代表的な標本分布　　　　　　　　　　　　　　　　　　　　　　119

> n 個の確率変数 $X_1, X_2, \cdots, X_n$ が互いに独立に平均 μ，分散 σ^2 の同一の確率分布に従うとき，
>
> ・n が大きくなると，$\bar{X}$ は $N(\mu, \sigma^2/n)$ に従う.
>
> ※ 母集団分布は正規分布でなくてもよい.
>
> ※ 詳しくは 6.3 節を参照.

6.2　代表的な標本分布

　推測統計において利用されるいくつかの標本分布がある．母集団から互いに独立に得られた標本に対する標本分布のうち，次章以降でよく用いられる 2 つの主要な分布，χ^2 分布，t 分布について説明する.

　本題に入るまえに，次の式で定義される**不偏分散** S^2 について説明する．不偏分散は本節以降で頻繁に用いられ，次の式で定義される.

$$S^2 = \frac{1}{n-1}\{(X_1 - \bar{X})^2 + (X_2 - \bar{X})^2 + \cdots + (X_n - \bar{X})^2\}$$

$$= \frac{1}{n-1}\sum_{i=1}^{n}(X_i - \bar{X})^2$$

不偏分散も分散を推測する統計量 (推定量) であるが，3.3.2 項の記述統計で扱った分散とは異なり，標本平均 $\bar{X}$ からの偏差の 2 乗和を n でなく $n-1$ で割る．区別するときは，n で割る分散を**標本分散**といい，$n-1$ で割る分散を**不偏分散**[8] という.

　本節の概要として，正規分布，t 分布，χ^2 分布の関係をはじめにまとめる．未解説の用語もでてくるがそれは気にせず，まずはこれからの話がどのようにつながっていくかをおおよそとらえておくとよい.

　標本平均 $\bar{X}$ の標本分布が第 7 章，第 8 章の主たるテーマになる．標本サイズ n が大きいとき，母集団分布がなんであれ，標本平均の標本分布は正規分布で近似できる (後述の**中心極限定理**を参照)．一方で，標本サイズ n が小さいときはどうなるかが知りたい．この問題を考えるときは，

　・母集団は正規分布 $N(\mu, \sigma^2)$ に従っていること

　・サイズ n の標本 $X_1, X_2, \cdots, X_n$ が互いに独立であること

---

8)　不偏分散は「標本」をつけずに表現することが多く，本書でも単に不偏分散とよぶ．どちらの分散も標本分散としている書籍もあるが，本書では上記のように区別する．不偏分散の諸性質については 7.1 節で説明する.

が条件となる．また，分散が未知のとき，不偏分散 S^2 を分散の推定量として用いる．標本分散ではないので注意されたい．結論として，次のことを幾度となく利用するので，本書では繰り返し示す．

・分散 σ^2 が既知のとき，$\sqrt{n}(\bar{X} - \mu)/\sigma$ は標準正規分布 $N(0,1)$ に従う．
・分散 σ^2 が未知のとき，$\sqrt{n}(\bar{X} - \mu)/S$ は自由度 $n-1$ の t 分布に従う．
・$(n-1)S^2/\sigma^2$ は自由度 $n-1$ の χ^2 分布に従う．

次項から，χ^2 分布，t 分布を一般論として導く．実際の問題と関係づけずに説明しているため難しいかもしれない．第7章，第8章でこれらの分布を利用するときは，上の文章を再度，確認されたい．

6.2.1 χ^2 分 布

n 個の確率変数 $Z_1, Z_2, \cdots, Z_n$ が互いに独立に標準正規分布 $N(0,1)$ に従うとき，これらの 2 乗和

$$W = Z_1^2 + Z_2^2 + \cdots + Z_n^2$$

も確率変数となり，W の従う分布を，自由度 n の χ^2 **分布 (カイ二乗分布)** とよび，記号 $\chi^2(n)$ と表す．自由度 n の χ^2 分布の期待値と分散はそれぞれ n と $2n$ である．

図 6.2.1 に，自由度 1, 3, 5, 10 の χ^2 分布を示す．図からわかるように分布の形状は右に裾が長い．自由度が小さいときは左に最頻値がある形状であり，自由度が大きくなると正規分布の形状に近づく．しかし，その形状は平坦なものになる．

χ^2 分布には次の性質がある．

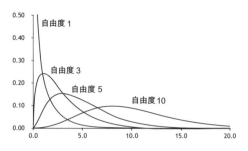

図 6.2.1 自由度 1, 3, 5, 10 の χ^2 分布

6.2 代表的な標本分布

1) 2つの確率変数 W_1, W_2 が独立にそれぞれ自由度 m_1 と m_2 の χ^2 分布に従うとき,和 $W_1 + W_2$ は自由度 $m_1 + m_2$ の χ^2 分布に従う.この性質を χ^2 **分布の再生性**という.

2) n 個の確率変数 $X_1, X_2, \cdots, X_n$ が互いに独立に正規分布 $N(\mu, \sigma^2)$ に従うとき,$(X_i - \mu)/\sigma \ (i = 1, 2, \cdots, n)$ が $N(0, 1)$ に従うことより,

$$W = \sum_{i=1}^{n} \frac{(X_i - \mu)^2}{\sigma^2}$$

は $\chi^2(n)$ に従うことがわかる.

3) n 個の確率変数 $X_1, X_2, \cdots, X_n$ が互いに独立に正規分布 $N(\mu, \sigma^2)$ に従うとき,

$$W = \sum_{i=1}^{n} \frac{(X_i - \bar{X})^2}{\sigma^2} = \frac{(n-1)S^2}{\sigma^2}$$

は $\chi^2(n-1)$ に従う.これは,不偏分散 S^2 の自由度が $n-1$ であることに依存する.

性質 2) と性質 3) の違いは覚えやすく,2) は母平均 μ からの偏差の 2 乗和を母分散で割っていること,3) は標本平均 $\bar{X}$ からの偏差の 2 乗和を母分散で割っていることに注意すればよい.特に,性質 3) は,不偏分散 S^2 に関する重要な性質であり,次に続く t 分布や F 分布にも関係する.

巻末の付表 3 は,自由度 ν (縦軸) と上側確率 α (横軸) に対して,自由度 ν の χ^2 分布に従う確率変数 X が

$$P(X > \chi^2_\alpha(\nu)) = \alpha$$

を満たす $\chi^2_\alpha(\nu)$ の値を示している.この値を上側 100α **%点** (パーセント点) という.

6.2.2 t 分 布

独立な 2 つの確率変数 Z と W がそれぞれ標準正規分布 $N(0, 1)$,自由度 m の χ^2 分布に従うとき,次の比

$$t = \frac{Z}{\sqrt{W/m}}$$

も確率変数となり,t の従う分布を自由度 m の t **分布** (スチューデントの t 分布) とよび,記号 $t(m)$ と表す.期待値は自由度によらず 0 (ただし $m > 1$),分散は $m/(m-2)$ (ただし $m > 2$) である.

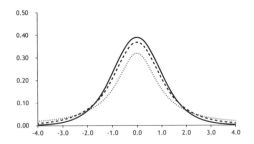

図 6.2.2　自由度 1, 3, 10 の t 分布 (低いほうから自由度 1, 3, 10)

図 6.2.2 に自由度 1, 3, 10 の t 分布を示す．図からわかるように左右対称な分布である．自由度が小さいとき裾の長い分布で，自由度が大きくなると標準正規分布の確率密度関数に近づくことが知られている．

ここで標本平均 $\bar{X}$ と不偏分散 S^2 に関する重要な性質がある．n 個の確率変数 $X_1, X_2, \cdots, X_n$ が互いに独立に正規分布 $N(\mu, \sigma^2)$ に従うとき，$\sqrt{n}(\bar{X} - \mu)/\sigma$ は標準正規分布 $N(0,1)$ に，また，6.2.1 項の性質 3) より，$\sum_{i=1}^{n}(X_i - \bar{X})^2/\sigma^2 = (n-1)S^2/\sigma^2$ は $\chi^2(n-1)$ に従う．それらは互いに独立であることがいえ[9]，これらより，

$$t = \frac{\sqrt{n}(\bar{X} - \mu)/\sigma}{\sqrt{\dfrac{(n-1)S^2}{\sigma^2} \bigg/ (n-1)}} = \frac{\sqrt{n}(\bar{X} - \mu)}{S}$$

の従う分布は $t(n-1)$ となる．

巻末の付表 2 は，自由度 ν (縦軸) と上側確率 α (横軸) に対して，自由度 ν の t 分布に従う確率変数 X が

$$P(X > t_\alpha(\nu)) = \alpha$$

を満たす $t_\alpha(\nu)$ の値を示している．左右対称であるため，下側 100α %点を求める場合も上側 100α %点を用いて計算すればよい．最終行は自由度が ∞ である．この行にある値は，標準正規分布の上側 100α %点と同じである．

---

[9]　文献 [8] などを参照．

6.3 発展的な話題 123

6.2 節の重要事項

○**不偏分散** :　$S^2 = \dfrac{1}{n-1} \sum\limits_{i=1}^{n} (X_i - \bar{X})^2$

○ χ^2 **分布の性質**

1) 2つの確率変数 W_1, W_2 が独立に $\chi^2(m_1)$ と $\chi^2(m_2)$ に従うとき, 和 $W_1 + W_2$ は $\chi^2(m_1 + m_2)$ に従う.

2) n 個の確率変数 $X_1, X_2, \cdots, X_n$ が互いに独立に $N(\mu, \sigma^2)$ に従うとき, $W = \sum\limits_{i=1}^{n} (X_i - \mu)^2 / \sigma^2$ は $\chi^2(n)$ に従う.

3) n 個の確率変数 $X_1, X_2, \cdots, X_n$ が互いに独立に $N(\mu, \sigma^2)$ に従うとき, $W = \sum\limits_{i=1}^{n} (X_i - \bar{X})^2 / \sigma^2 = (n-1)S^2 / \sigma^2$ は $\chi^2(n-1)$ に従う.

※ S^2 は不偏分散である.

○ t **分布の性質**

n 個の確率変数 $X_1, X_2, \cdots, X_n$ が互いに独立に $N(\mu, \sigma^2)$ に従うとき, $t = \sqrt{n}(\bar{X} - \mu)/S$ は $t(n-1)$ に従う.

※ S は不偏分散 S^2 の正の平方根である.

○**第7章, 第8章で利用する性質**

サイズ n の標本 $X_1, X_2, \cdots, X_n$ が互いに独立に $N(\mu, \sigma^2)$ に従うとき,

・分散 σ^2 が既知のとき, $Z = \sqrt{n}(\bar{X} - \mu)/\sigma$ は $N(0, 1)$ に従う.

・分散 σ^2 が未知のとき, $T = \sqrt{n}(\bar{X} - \mu)/S$ は $t(n-1)$ に従う.

・$\chi^2 = (n-1)S^2 / \sigma^2$ は $\chi^2(n-1)$ に従う.

上記のことを次のように記号 $\sim$ を用いて示すことができる.

互いに独立なサイズ n の標本 $X_1, X_2, \cdots, X_n \sim N(\mu, \sigma^2)$.

・分散 σ^2 が既知のとき, $Z = \sqrt{n}(\bar{X} - \mu)/\sigma \sim N(0, 1)$.

・分散 σ^2 が未知のとき, $T = \sqrt{n}(\bar{X} - \mu)/S \sim t(n-1)$.

・$\chi^2 = (n-1)S^2 / \sigma^2 \sim \chi^2(n-1)$.

6.3 発展的な話題

　ここでは, 中心極限定理, チェビシェフの不等式, 大数の法則について説明する. また, 標本分布の3つ目として F 分布について説明する. これらはいずれも本書が扱う内容としては高度である.

6.3.1 中心極限定理

n 個の確率変数 $X_1, X_2, \cdots, X_n$ が互いに独立に正規分布に従うとき，それらの標本平均 $\bar{X}$ も正規分布に従うことは 6.1 節で述べた．正規分布でないときはどうなるかが知りたいことである．

> 母集団がどのような分布に従っていても，そこからとり出した標本の標本平均 $\bar{X}$ は，標本サイズ n を大きくすると，平均 μ，分散 $= \sigma^2/n$ の正規分布 $N(\mu, \sigma^2/n)$ に近づく．ただし，平均 μ，分散 σ^2 が存在しなくてはならない．

このことを保証したのが中心極限定理である．正確に述べると次のようになる．

> **中心極限定理：** n 個の確率変数 $X_1, X_2, \cdots, X_n$ が互いに独立に平均 μ，分散 σ^2 $(0 < \sigma^2 < \infty)$ の同一の確率分布に従うとき，確率変数
> $$Z = \frac{\bar{X} - \mu}{\sigma/\sqrt{n}}$$
> の分布は，$n \to \infty$ とすると標準正規分布 $N(0, 1)$ に近づく．

この定理において，標本平均が正規分布に近づくこと，その近づくスピードが標本サイズ n に関係することが重要である．統計学において正規分布が重要視される理由の一つが中心極限定理にある．この標本平均に関する良い性質を用いると，高度な問題も解けるようになる．

中心極限定理の証明は難しいので省略する[10] が，中心極限定理を示すためには，チェビシェフの不等式，大数の法則が必要であり，これらを順に示す．

6.3.2 チェビシェフの不等式

期待値 μ，分散 σ^2 をもつ確率分布に従う確率変数 X は，任意の k に対して以下の不等式が成り立つ．

> **チェビシェフ (Chebyshev) の不等式：** $P(|X - \mu| \geq k\sigma) \leq \dfrac{1}{k^2}$

証明 離散型確率変数の場合についてのみ証明するが，連続型確率変数についても同様に証明できる．

---

10) 文献 [8]，[10] などを参照．

チェビシェフの不等式の等式になる分布

チェビシェフの不等式の等号が成り立つ確率変数 X の例の一つが下図である。この確率変数 X は次の条件，

$$P(X=-1)=\frac{1}{2k^2}, \quad P(X=0)=1-\frac{1}{k^2}, \quad P(X=1)=\frac{1}{2k^2}$$

を満たすものである．図は $k=1,2,3,4$ の場合について示した．これらから，極端な分布であるといえる．

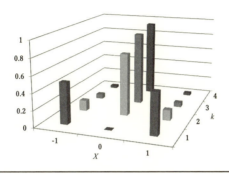

$A=\{x_i\,|\,|x_i-\mu|\geq k\sigma\}$ に対して，

$$\sigma^2 = \sum_i (x_i-\mu)^2 f(x_i) \geq \sum_{x_i \in A}(x_i-\mu)^2 f(x_i) \geq \sum_{x_i \in A}(k\sigma)^2 f(x_i)$$
$$= k^2\sigma^2 \sum_{x_i \in A} f(x_i) = k^2\sigma^2 P(|X-\mu|\geq k\sigma)$$

である．上記の両辺を $k^2\sigma^2$ で割るとチェビシェフの不等式が導かれる． □

チェビシェフの不等式は，$\varepsilon=k\sigma$ とおくと次のように変形でき，これらの式は，次の大数の法則を示す際に用いられる．

$$P(|X-\mu|\geq \varepsilon) \leq \frac{\sigma^2}{\varepsilon^2},$$

$$P(|X-\mu|<\varepsilon) \geq 1-\frac{\sigma^2}{\varepsilon^2}$$

チェビシェフの不等式による分布の評価は現実に使えるものではない．確率変数が正規分布，二項分布などの分布に従っていることがわかっている場合は分布の性質を用いて評価するほうがよい．

6.3.3 大数の法則

大数の法則は、標本サイズ n を大きくすると、標本平均 $\bar{X}$ が、母集団分布の母平均 μ に近づくことを保証する定理である。この大数の法則が成り立つがゆえにさまざまな議論ができる。大数の法則には強法則と弱法則があるが、弱法則を理解するだけで十分である。

大数の弱法則: n 個の確率変数 $X_1, X_2, \cdots, X_n$ が互いに独立に平均 μ, 分散 σ^2 の同一の確率分布に従うとき、任意の $\varepsilon > 0$ に対して、

$$\lim_{n \to \infty} P(|\bar{X} - \mu| < \varepsilon) = 1$$

が成り立つ。このような収束を**確率収束**という。

証明 確率変数 $X_1, X_2, \cdots, X_n$ の条件から、$\bar{X} = (X_1 + X_2 + \cdots + X_n)/n$ の期待値は μ, 分散は σ^2/n となる[11]。$\bar{X}$ に関してチェビシェフの不等式は、

$$P(|\bar{X} - \mu| < \varepsilon) \geq 1 - \frac{\sigma^2}{n\varepsilon^2}$$

となり、n を大きくすると大数の法則が得られる。 □

二項分布について考えると、各回の試行は成功確率 p のベルヌーイ分布に従うベルヌーイ試行なので、n 回の試行中、成功回数 X により求められる比率 X/n は、n 個の確率変数の標本平均となる。このことから、n を大きくすると、X/n は成功確率 p に近づくことがわかる。

6.3.4 F 分 布

正規分布、t 分布、χ^2 分布とともに重要とされる標本分布が F 分布である。本書では実際の問題として扱わないが、今後、どこかでふれることがあると思われるので説明する。

2つの確率変数 W_1, W_2 が独立に自由度 m_1 と m_2 の χ^2 分布に従うとき、次の比

$$F = \frac{W_1/m_1}{W_2/m_2}$$

も確率変数となり、F の従う分布を**自由度** (m_1, m_2) の F **分布**とよび、記号 $F(m_1, m_2)$ と表す。F 分布は2つの自由度によってさまざまな形状を描く[12]。

---

11) 5.2.2 項の期待値の加法性と分散の加法性を利用する。
12) 文献 [7], [8] にさまざまな F 分布が示されている。

━━━━━━━━━━ t 分布とゴセット ━━━━━━━━━━

中心極限定理が使える状況では，$\sqrt{n}(\bar{X}-\mu)/\sigma$ が標準正規分布 $N(0,1)$ に近似的に従うことが利用できた．しかし，現在のビッグデータ時代と違い，かつての標本サイズはさほど大きくなかった．そのため，t 分布の発見が統計学の大きな進歩をもたらすこととなった．

正規分布近似が困難であるときに，t 分布を利用することで問題を解決したのは，ギネス社というビール会社の社員でゴセット (William Sealy Gosset, 1876–1937) であった．ゴセットの会社では社員の研究発表を認めなかったため，Student (スチューデント) というペンネームで論文を投稿した．t 分布と名付けたのはフィッシャーであって，論文では z という文字が使われていた[13]．

---

t 分布と F 分布の定義式を比較すると，$F(1,m)$ が $t(m)$ の 2 乗の分布に等しいことがわかる．

不偏分散の比に関する重要な性質を示す．n_1 個の確率変数 $X_1, X_2, \cdots, X_{n_1}$ が互いに独立に正規分布 $N(\mu_1, \sigma_1^2)$ に従い，n_2 個の確率変数 $Y_1, Y_2, \cdots, Y_{n_2}$ が互いに独立に正規分布 $N(\mu_2, \sigma_2^2)$ に従うとき，6.2.1 項の性質 3) より，$\sum_{i=1}^{n_1}(X_i-\bar{X})^2/\sigma_1^2$ は $\chi^2(n_1-1)$ に，$\sum_{j=1}^{n_2}(Y_j-\bar{Y})^2/\sigma_2^2$ は $\chi^2(n_2-1)$ に従う．さらにそれらは互いに独立であることがいえる．これらより，

$$F = \frac{\dfrac{\sum\limits_{i=1}^{n_1}(X_i-\bar{X})^2}{\sigma_1^2(n_1-1)}}{\dfrac{\sum\limits_{j=1}^{n_2}(Y_j-\bar{Y})^2}{\sigma_2^2(n_2-1)}} = \frac{\dfrac{S_1^2}{\sigma_1^2}}{\dfrac{S_2^2}{\sigma_2^2}} = \frac{S_1^2}{\sigma_1^2}\cdot\frac{\sigma_2^2}{S_2^2}$$

の従う分布は自由度 (n_1-1, n_2-1) の F 分布となる．

巻末の付表 4 は，2 つの自由度 ν_1 (横軸) と自由度 ν_2 (縦軸) に対して，自由度 (ν_1, ν_2) の F 分布に従う確率変数 X が

$$P(X > F_\alpha(\nu_1, \nu_2)) = \alpha$$

を満たす $F_\alpha(\nu_1, \nu_2)$ の値を示している．F 分布は上側確率 α ごとに表が分か

---

13) Student(1908) "The probable error of a mean," *Biometrika*, 6(1), 1–25.

れる．$F_\alpha(\nu_1, \nu_2)$ の下側 100α ％点 $F_{1-\alpha}(\nu_1, \nu_2)$ は，分母と分子を入れ替えた $F(\nu_2, \nu_1)$ の上側 100α ％点 $F_\alpha(\nu_2, \nu_1)$ の逆数に等しい．

演習問題 6

1. 標本平均に関する各問に答えよ．

(1) ある土産のクッキーの重さ X (g) は正規分布 $N(\mu, \sigma^2)$ に従う．重さが基準内にあるか否かを調査するため無作為に n 個を選び重さを測る．母平均 μ の推定量を標本平均 $\bar{X} = (X_1 + X_2 + \cdots + X_n)/n$ とするとき，標本平均 $\bar{X}$ が従う標本分布を示せ．

(2) クッキーの重さ X が正規分布 $N(10, 0.5^2)$ に従うとき，無作為に選んだ 12 個のクッキーの重さの標本平均が 9.8 (g) と 10.2 (g) の間にある確率を求めよ．

(3) ある土産のクッキーの重さ X (g) は正規分布 $N(\mu, \sigma^2)$ に従うことはわかっているが，母分散が未知であり，不偏分散 $S^2 = \sum_{i=1}^{n}(X_i - \bar{X})^2/(n-1)$ で推定する．重さが基準内にあるか否かを調査するため無作為に n 個を選び重さを測る．母平均 μ の推定量を標本平均 $\bar{X}$ とするとき，$T = \sqrt{n}(\bar{X} - \mu)/S$ が従う標本分布を示せ．

2. 標本比率に関する各問に答えよ．

(1) 内閣支持率を調査するため，無作為に選ばれた n 人の有権者に支持するか否かを尋ねた．支持すると回答する人数を確率変数 X とする．母比率 p の推定量を標本比率 $\hat{p} = X/n$ とするとき，標本比率 $\hat{p}$ が従う標本分布の期待値と分散を p と n を用いて示せ．

(2) 支持率 (母比率) p が 0.4 のとき，無作為に選んだ 625 人の有権者のうち支持率 (標本比率) $\hat{p}$ が 0.36 以下である確率はいくらか．正規分布近似を用いて求めよ．

3. 1, 2, 3 の数字がそれぞれ 1 つ書かれているカードがある．これらを箱の中に入れ，1 枚取り出してはもとに戻す．3 回取り出し，3 つの数字の標本平均と標本中央値を求める．標本平均と標本中央値の期待値と分散を求めよ．

7 章

統計的推測 (推定)

科学的研究において，母集団の特徴を知ることは重要である．母集団分布自身を知りたいこともあるし，母集団にある何らかの傾向を知りたいこともある．母集団に関するさまざまなことが知りたいわけであるが，それらのいくつかは統計学の手法を用いて推測できる．

第 7 章では，母集団分布の母数，特に母平均，母比率と母分散の統計的推定について説明する．母平均の推定は最もよく利用されるものであり，母数の推定の基本として理解することが重要である．

母数の推定方法は，点推定と区間推定に分けることができる．内閣支持率に関する世論調査を行ったとき，支持率が 35.6 ％と 1 つの値で示される．この表記方法は点推定とよばれる．日本では点推定のみが示されるが，アメリカなどの国では，35.6 ± 3.1 ％といった表記がなされる．このような表記方法が区間推定である．

7.1 点 推 定

母集団分布の母数 θ に対し，その推定量を $\hat{\theta}$ と表すことが多い．つまり，母数の記号に ^「ハット」をつけて示す．推定量 $\hat{\theta}$ はいくつ存在してもよい．たとえば，サイズ n の標本 $X_1, X_2, \cdots, X_n$ が互いに独立であるとき，標本平均 $\bar{X} = (X_1 + X_2 + \cdots + X_n)/n$ は母平均 μ の推定量 $\hat{\mu}$ として最もよく用いられるが，この他にも 3.3.1 項で述べた標本の中央値やトリム平均も母平均 μ の推定量となりうる．どのような統計量を推定量としてもよく，推定したい母数を 1 つの値 (1 点) で示す推定方法を**点推定**とよぶ．

1) 母平均の推定量の性質　　母平均 μ の推定量はいくつもあるが，いずれを利用するかは推定量がどのような性質をもつかによる．標本平均 $\bar{X}$ が標準的に利用されるのは，6.2 節で述べた標本平均 $\bar{X}$ の標本分布に関する理論，中心極限定理やその他の性質がわかりやすいという理由からである．さらに，点推定では 2 つの性質，一致性と不偏性が重要であり，結論からいうと，標本平均

129

$\bar{X}$ はこれらの性質を満たす. それぞれについて説明する.

一致性: ある母数 θ に対し, 標本サイズ n の推定量を $\hat{\theta}_n$ とする. 標本サイズ n が大きくなるにつれ $\hat{\theta}_n$ が母数 θ に確率収束することを**一致性**とよび, 一致性を満たす推定量を**一致推定量**とよぶ. 式で表すと次のようになる.

任意の $\varepsilon > 0$ に対して, $\displaystyle\lim_{n\to\infty} P(|\hat{\theta}_n - \theta| < \varepsilon) = 1$ が成り立つ.

6.3.3 項の大数の法則から, 標本平均 $\bar{X}$ は n が大きくなると母平均 μ に近づく. これより, 標本平均 $\bar{X}$ は母平均 μ の一致推定量である. 同様に, 母集団分布が対称な場合, 中央値やトリム平均も母平均 μ の一致推定量である.

不偏性: ある母数 θ に対し, その推定量 $\hat{\theta}$ の期待値が母数 θ に等しくなる性質を**不偏性**とよび, 不偏性を満たす推定量を**不偏推定量**とよぶ. 式で表すと次のようになる.

$$E[\hat{\theta}] = \theta \ \text{が成り立つ.}$$

不偏推定量は, 標本サイズ n に依存しない. 5.2 節の重要事項にあるように, $E[\bar{X}] = \mu$ なので, 標本平均 $\bar{X}$ は母平均 μ の不偏推定量である. 推定量が不偏推定量でない場合, 推定には**バイアス (偏り)** があるといい, バイアスは $E[\hat{\theta}] - \theta$ と定義する. 標本調査とバイアスについては 2.4 節でも述べた.

2) 母比率の推定量の性質 母集団のなかで興味ある事象 A の出現比率 p について考える. 母集団サイズが大きい場合, 非復元抽出であっても, n 回取り出してそれが事象 A である回数 X を数えると, X は近似的に二項分布に従う[1]. 二項分布において, 母比率 p の推定量は**標本比率** $\hat{p} = X/n$ を用いる. $E[X] = np$ より, $E[\hat{p}] = E[X/n] = p$ となり, 標本比率 $\hat{p}$ は不偏推定量である. 6.3.3 項で述べたように, 各回の試行は独立に確率 p のベルヌーイ分布に従うことから, 標本比率 X/n は n 個の確率変数の標本平均と考えてよい. 大数の法則から, n を大きくすると, 標本平均 X/n は成功確率 p に近づく. つまり, 標本比率 $\hat{p}$ は一致推定量である.

3) 母分散の推定量の性質 母分散 σ^2 の推定量として, 3.3.2 項で扱った分散に基づく**標本分散**

$$V = \frac{1}{n}\{(X_1 - \bar{X})^2 + (X_2 - \bar{X})^2 + \cdots + (X_n - \bar{X})^2\}$$
$$= \frac{1}{n}\sum_{i=1}^{n}(X_i - \bar{X})^2$$

---

1) 母集団サイズが小さいときの非復元抽出は超幾何分布 (5.4.2 項) になる.

7.1 点推定

と，6.2 節でふれた不偏分散

$$S^2 = \frac{1}{n-1}\{(X_1 - \bar{X})^2 + (X_2 - \bar{X})^2 + \cdots + (X_n - \bar{X})^2\}$$
$$= \frac{1}{n-1}\sum_{i=1}^{n}(X_i - \bar{X})^2$$

がある．これらの違いは，標本平均 $\bar{X}$ からの偏差の 2 乗和を n で割るか $n-1$ で割るかである．どちらの推定量も母分散 σ^2 の一致推定量である．また，これらの正の平方根をとった標本標準偏差も母標準偏差 σ の一致推定量である．

母分散 σ^2 の推定量として標本分散 V を考えることは自然である．しかし，その期待値は σ^2 ではなくバイアスがある．つまり，不偏推定量にならない．このことを，偏差平方和を展開して確認する．

$$\sum_{i=1}^{n}(X_i - \bar{X})^2 = \sum_{i=1}^{n}(X_i - \mu + \mu - \bar{X})^2$$
$$= \sum_{i=1}^{n}[(X_i - \mu)^2 + 2(X_i - \mu)(\mu - \bar{X}) + (\mu - \bar{X})^2]$$
$$= \sum_{i=1}^{n}(X_i - \mu)^2 + 2n(\bar{X} - \mu)(\mu - \bar{X}) + n(\mu - \bar{X})^2$$
$$= \sum_{i=1}^{n}(X_i - \mu)^2 - n(\bar{X} - \mu)^2$$

これより，標本分散の期待値を計算すると次の結果が得られる．

$$E\left[\frac{1}{n}\sum_{i=1}^{n}(X_i - \bar{X})^2\right] = \frac{1}{n}E\left[\sum_{i=1}^{n}(X_i - \mu)^2 - n(\bar{X} - \mu)^2\right]$$
$$= \frac{1}{n}\left(n\sigma^2 - n\frac{\sigma^2}{n}\right) = \frac{n-1}{n}\sigma^2$$

最後の項からわかるように，$-\sigma^2/n$ のバイアスが生じる．このバイアスをなくすには，$n-1$ で割ればよい．つまり，不偏分散 S^2 を考えるのがよい．確認のため不偏分散の期待値を計算すると次の結果が得られ，不偏性が満たされることがわかる．

$$E\left[\frac{1}{n-1}\sum_{i=1}^{n}(X_i - \bar{X})^2\right] = \frac{1}{n-1}E\left[\sum_{i=1}^{n}(X_i - \mu)^2 - n(\bar{X} - \mu)^2\right]$$
$$= \frac{1}{n-1}\left(n\sigma^2 - n\frac{\sigma^2}{n}\right) = \sigma^2$$

132　　　　　　　　　　　　　　　　　　　　　　　7.　統計的推測 (推定)

　この性質から，推測統計の分野では，一般に，母分散 σ^2 の推定に不偏分散を用いる．正の平方根をとった標準偏差の推定量 S は母標準偏差 σ の推定に用いる．この統計量は不偏推定量にはならないが利用する際はまったく問題ない．

　推定量の性質として，一致性と不偏性があることを述べた．他にも**有効性**という推定量の分散に関する考え方がある．たとえば，一致性や不偏性が成り立つ2つの推定量を比較したとき，推定量の分散 (標準偏差) の小さいほうが優れているという考え方である．

　推定量 $\hat{\theta}$ の分散は未知であり，推定量の分散の推定量 $\hat{V}[\hat{\theta}]$ を考える．$\hat{V}[\hat{\theta}]$ の正の平方根，つまり推定量の標準偏差を**標準誤差**とよび，$se[\hat{\theta}]$, se, $s.e.$ などと表す[2]．

　標本平均 $\bar{X}$ について考える．標本平均 $\bar{X}$ の分散は $V[\bar{X}] = \sigma^2/n$ なので，σ^2 を不偏分散 S^2 で置き換えて，分散の推定量を $\hat{V}[\bar{X}] = S^2/n$ とする．これから，標本平均 $\bar{X}$ の標準誤差は $se[\bar{X}] = S/\sqrt{n}$ となる．標準誤差の重要な点は，標本サイズ n の平方根に反比例することである．つまり，標本サイズが大きくなるほど，標準誤差は小さくなるが，そのスピードは $1/\sqrt{n}$ である．報告書などに標本平均を示す際には，標本サイズと標準誤差を記載することが望ましい．

例 7.1 (標本平均の標準誤差)　ある無限母集団から大きさ $n = 100$ の無作為標本を抽出したところ，標本平均 $\bar{x} = 75.0$，不偏分散 $s^2 = 12.0^2$ を得た．このときの標本平均の標準誤差は，$se = 12.0/\sqrt{100} = 1.20$ である．

7.1 節の重要事項

○**点推定**　ある母数 θ に対し，その推定量 $\hat{\theta}$ を1つの値で表記する．

○**一致推定量**　任意の $\varepsilon > 0$ に対して，$\lim_{n \to \infty} P(|\hat{\theta}_n - \theta| < \varepsilon) = 1$ が成り立つ．

○**不偏推定量**　$E[\hat{\theta}] = \theta$ が成り立つ．標本サイズ n に依存しない．

○**母平均の推定量の性質**

　・標本平均 $\bar{X}$ は一致性と不偏性を満たす．

○**母比率の推定量の性質**

　・母集団サイズが大きい場合，推定量 X/n は一致性と不偏性を満たす．

---

　2)　推定量の分散 $V[\hat{\theta}]$ が既知のときは，$V[\hat{\theta}]$ の正の平方根を標準誤差とすることもある．

7.1 点推定

── 不偏分散について ──

"不偏分散は $n-1$ で割ればよい"といわれても，なかなかわからないものである．式を追えばわかったとしても，どのようなことをイメージすればよいのであろうか？

サイズ n の標本 $X_1, X_2, \cdots, X_n$ に対して，任意の定数 a からの偏差 $X_i - a$ $(i = 1, 2, \cdots, n)$ の 2 乗和を考え，$f(a) = \sum_{i=1}^{n}(X_i - a)^2$ とおき，$f(a)$ を最小にする a を微分して求める．$f'(a) = 2\sum_{i=1}^{n}(X_i - a) = 2\left(\sum_{i=1}^{n} X_i - na\right) = 0$ より，$a = \frac{1}{n}\sum_{i=1}^{n} X_i = \bar{X}$ となり，$f(a)$ を最小にするのは標本平均 $\bar{X}$ であることがわかる．つまり，標本平均は，どのような値より偏差 2 乗和が小さくなる．母平均 μ からの偏差 2 乗和に対しても，$\sum_{i=1}^{n}(X_i - \bar{X})^2 \leq \sum_{i=1}^{n}(X_i - \mu)^2$ が成り立つ．どの程度小さくなるかは，標本分散 V を書き直すことでわかる．

$$V = \frac{1}{n}\sum_{i=1}^{n}(X_i - \bar{X})^2$$
$$= \frac{1}{n}\left(\sum_{i=1}^{n}(X_i - \mu)^2 - n(\bar{X} - \mu)^2\right)$$
$$= \frac{1}{n}\left(\sum_{i=1}^{n}(X_i - \mu)^2\right) - (\bar{X} - \mu)^2$$

期待値をとったとき，最後の辺の第 1 項は σ^2 であり，第 2 項の $-(\bar{X} - \mu)^2$ がバイアスである．この小さくなる分を $n-1$ で割ることで調整できる．もし，母平均 μ が既知であれば，$\bar{X}$ に μ を代入することで第 2 項は 0 となる．不偏分散は標本平均 μ からの偏差 $X_i - \mu$ の 2 乗和を n で割ることになる．

○母分散の推定量の性質

・不偏分散 $S^2 = \dfrac{1}{n-1}\sum_{i=1}^{n}(X_i - \bar{X})^2$ は一致性と不偏性を満たす．

・標本分散 $V = \dfrac{1}{n}\sum_{i=1}^{n}(X_i - \bar{X})^2$ は一致性を満たす．不偏性は満たさない．

・標準偏差の推定量 $S = \sqrt{S^2}$ と $\sqrt{V}$ は一致性を満たす．不偏性は満たさない．

○標準誤差　　推定量 $\hat{\theta}$ の標準偏差

7.2 区 間 推 定

7.1 節では，点推定について説明し，標本平均の信頼性を 1 つの値 $\hat{\theta}_\circ$ と標準誤差 $se_\circ$ で表現することが好ましいということを述べた[3]．この考え方を拡張し，母数の推定を適切な区間 $[\hat{\theta}_\circ - a \times se_\circ, \hat{\theta}_\circ + a \times se_\circ]$ で表現する方法がある．ここで，a は後述するいくつかの条件を満たす定数である．これを**区間推定**とよぶ．その構成方法はいくつかあるがここでは古典的な方法を説明する[4]．

区間推定の構成には，さまざまな推定量の標本分布の知識が必要になる．基本的な性質は「6.2 節の重要事項」にあるので，本章を読み進めるまえに確認されたい．区間推定の手法において，信頼係数と信頼区間という用語の理解が必要である．詳しくは次節で説明する．また，区間推定は 1 標本問題と 2 標本問題という分け方をする．1 標本問題は 1 つの母集団を特徴づける母数の推定を考えるが，2 標本問題は 2 つの母集団の母数の差や比の推定を考える．

本書では，区間推定の問題として，正規分布 $N(\mu, \sigma^2)$ の母平均 μ に関する区間推定と二項分布 $B(n, p)$ の母比率 p の区間推定を扱う．この 2 つの母数の区間推定は基本的なもので特に重要である．その他，母分散や母相関係数の区間推定などもある[5]．

7.3 1 標本問題

7.1 節では，母平均 μ の点推定として標本平均 $\bar{X}$ がよい性質をもつことを示した．本節では，$\bar{X}$ に関する区間推定について説明する．この区間推定を考える際は，次の 2 つの条件に分け，利用する分布を覚えるのがよい．

1) サイズ n の標本 $X_1, X_2, \cdots, X_n$ が互いに独立に正規分布 $N(\mu, \sigma^2)$ に従い，母分散 σ^2 が既知である．このとき，

$$Z = \sqrt{n}(\bar{X} - \mu)/\sigma \sim N(0, 1).$$

2) サイズ n の標本 $X_1, X_2, \cdots, X_n$ が互いに独立に正規分布 $N(\mu, \sigma^2)$ に従い，母分散 σ^2 が未知である．このとき，

$$T = \sqrt{n}(\bar{X} - \mu)/S \sim t(n-1).$$

ここで，S は不偏分散 S^2 の正の平方根である．

---

3) $\hat{\theta}_\circ$ や $se_\circ$ の下付の o は推定量ではなく，具体的な推定値を意味している．
4) 他の区間推定法としてベイズ統計による方法，ブートストラップによる方法などがある．
5) 母分散については 7.5 節を参照．母相関係数については，文献 [7] などを参照．

7.3 1 標本問題 135

7.3.1 母平均の区間推定 (母分散が既知の場合)

1) の場合，母平均 μ の区間推定は $Z = \sqrt{n}(\bar{X} - \mu)/\sigma$ が従う標準正規分布 $N(0,1)$ を利用して考える．標準正規分布表 (付表 1) から，

$$P(-1.645 \leq Z \leq 1.645) = 0.90, \qquad P(-1.96 \leq Z \leq 1.96) = 0.95$$

などの確率の範囲がわかる．ここで，確率 0.90 や 0.95，つまり，90 ％や 95 ％を **信頼係数** という．これらの範囲を，便宜的にそれぞれ 90 ％範囲，95 ％範囲とよぶことにする．推測統計では 95 ％範囲に関する手法が最もよく利用されるので，以下では 95 ％範囲について述べるが，その他の範囲の場合も同様に考えればよい．

$Z = \sqrt{n}(\bar{X} - \mu)/\sigma$ を代入すると，

$$P\left(-1.96 \leq \frac{\sqrt{n}(\bar{X} - \mu)}{\sigma} \leq 1.96\right) = 0.95$$

となり，これを書き直すと，次のようになる．

$$P\left(\bar{X} - 1.96\frac{\sigma}{\sqrt{n}} \leq \mu \leq \bar{X} + 1.96\frac{\sigma}{\sqrt{n}}\right) = 0.95$$

この式から，**信頼係数 95 ％の信頼区間** (単に **95 ％信頼区間という**) を

$$\bar{X} - 1.96\frac{\sigma}{\sqrt{n}} \leq \mu \leq \bar{X} + 1.96\frac{\sigma}{\sqrt{n}}$$

または，

$$\left[\bar{X} - 1.96\frac{\sigma}{\sqrt{n}}, \ \bar{X} + 1.96\frac{\sigma}{\sqrt{n}}\right]$$

と示す．先にあげた式

$$P\left(\bar{X} - 1.96\frac{\sigma}{\sqrt{n}} \leq \mu \leq \bar{X} + 1.96\frac{\sigma}{\sqrt{n}}\right) = 0.95$$

は，区間 $\left[\bar{X} - 1.96\frac{\sigma}{\sqrt{n}}, \ \bar{X} + 1.96\frac{\sigma}{\sqrt{n}}\right]$ が真値 μ を含む確率は 95 ％であることを示している．しかし，実際に標本平均 $\bar{X}$ の実現値，たとえば $\bar{x}_{\mathrm{obs}} = 75.0$ を得たとき，

$$P\left(75.0 - 1.96\frac{\sigma}{\sqrt{n}} \leq \mu \leq 75.0 + 1.96\frac{\sigma}{\sqrt{n}}\right) = 0.95$$

は成り立たない．なぜならば，左辺には確率変数がなく，母平均 μ がこの範囲あれば確率は 1，なければ確率は 0 となるからである．それでは，この 0.95 をどのよう

に解釈するかを説明する．これは，母集団からサイズ n の標本 $X_1, X_2, \cdots, X_n$ を互いに独立に得，標本平均 $\bar{X}$ の実現値 $\bar{x}_{\text{obs}}$ と信頼区間を構成する手順が同じならば，導出された区間の約 95 % は真値 μ を含んでいることを意味する．つまり，同じ構成手順を 100 回繰り返し 100 個の信頼区間をつくったならば，そのうちの 95 個程度は真値を含み，5 個程度は外れることになる．

図 7.3.1 はその一例をシミュレーション[6]で示した．$\mu = 50$, $\sigma = 10$ の正規分布から $n = 9$ の標本を抽出し，100 個の 95 % 信頼区間を構成した．そのなかで真値が含まれなかった個数は 4 個 (大きな◆) であることがわかる．

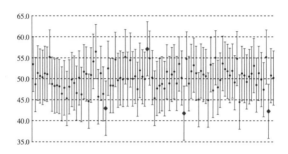

図 7.3.1 信頼区間の意味 (シミュレーション)

95 % 信頼区間の構成において，$\sigma/\sqrt{n}$ は標準誤差である．95 % 信頼区間の場合，標本平均 $\bar{X}$ から $\pm 1.96 \times$ 標準誤差 の幅をもつ．概算として $\pm 2 \times$ 標準誤差 の幅を覚え，それを使うと便利である．標本平均 $\bar{X}$ の信頼区間は点推定 $\hat{\theta}$ から $\pm$ 標準誤差を何倍かしたものが幅となる．何倍になるかは信頼係数や諸条件によって異なる．たとえば，90 % 信頼区間について求めると次のようになる．

$$\left[\bar{X} - 1.645 \frac{\sigma}{\sqrt{n}},\ \bar{X} + 1.645 \frac{\sigma}{\sqrt{n}} \right]$$

95 % 信頼区間と比較すると，信頼区間の幅は狭くなっている．一般に，$100(1-\alpha)$ % 信頼区間は，

$$\bar{X} - z_{\alpha/2} \frac{\sigma}{\sqrt{n}} \leq \mu \leq \bar{X} + z_{\alpha/2} \frac{\sigma}{\sqrt{n}}$$

または，

$$\left[\bar{X} - z_{\alpha/2} \frac{\sigma}{\sqrt{n}},\ \bar{X} + z_{\alpha/2} \frac{\sigma}{\sqrt{n}} \right]$$

と示すことができる．ここで，$z_{\alpha/2}$ は標準正規分布で上側確率が $\alpha/2$ となる値

---

[6] 文献 [11] にあるシミュレーションを参考にした．

7.3 1 標本問題 137

で，上側 $100\alpha/2$ ％点である．

○**信頼区間の性質**　信頼区間に関する性質をまとめると次のようになる．

　・信頼係数が大きくなるほど，信頼区間の幅は広くなる．

　・標本サイズが大きくなるほど，信頼区間の幅は狭くなる．

　これより，信頼係数を一定にして，信頼区間の幅 2ε（$\pm\varepsilon$ の意味）を制限するための最低の標本サイズ n を求めることができる．たとえば，95 ％信頼区間の場合，$1.96\sigma/\sqrt{n} \leq \varepsilon$ を解いて，$(1.96\sigma/\varepsilon)^2 \leq n$ とすればよい．

例 **7.2**（母平均の区間推定（母分散が既知の場合））　工場 A と B では同じ種類の自動車部品を製造している．以前の検査からこの部品の長さは正規分布に従い，母分散は 0.12^2 であることが知られている．ある日の抜取検査で，この部品の長さに関して以下のデータを得た．なお，抜取数は工場 A が 8 個，工場 B は 10 個である．

（単位：mm）

工場 A	10.1	10.2	10.0	10.2	9.9	9.9	10.1	10.0		
工場 B	9.9	10.2	10.0	10.2	9.9	9.9	10.1	10.1	10.0	10.2

　この結果を用いて工場 A と B の部品の母平均 μ_A と μ_B の 95 ％信頼区間と 90 ％信頼区間を求める．まず，標本平均 $\bar{x}_A$ と $\bar{x}_B$ を求めると，ともに 10.05 (mm) である．それぞれの標準誤差は $0.12/\sqrt{8} \fallingdotseq 0.042$ と $0.12/\sqrt{10} \fallingdotseq 0.038$ となる．これより，μ_A の 95 ％信頼区間と 90 ％信頼区間はそれぞれ次のように計算できる．

$$10.05 - 1.96 \times 0.042 \leq \mu_A \leq 10.05 + 1.96 \times 0.042,$$

$$10.05 - 1.645 \times 0.042 \leq \mu_A \leq 10.05 + 1.645 \times 0.042$$

つまり，[9.97, 10.13] と [9.98, 10.12] になり，前者の区間幅のほうが広い．同様に，μ_B の 95 ％信頼区間と 90 ％信頼区間はそれぞれ [9.98, 10.12] と [9.99, 10.11] になる．抜取数が多いため，μ_A の信頼区間より狭い．

○**標本サイズ n が十分大きい場合**　正規分布を利用した母平均 μ の区間推定として次のような場合を考える．

3) 標本サイズ n が十分大きく，標本 $X_1, X_2, \cdots, X_n$ が互いに独立に平均 μ，分散 σ^2 の同一の確率分布に従う．

　3) の場合，n が十分大きいことが重要で，1), 2) のように標本が正規分布に従う必要はない．このとき，中心極限定理より，標本平均 $\bar{X}$ は正規分布 $N(\mu, \sigma^2/n)$

に従うと仮定できる．区間推定を考える際は，母分散 σ^2 が未知であっても，推定量 $\hat{\sigma}^2$ が一致推定量であれば $Z = \sqrt{n}(\bar{X} - \mu)/\hat{\sigma} \sim N(0,1)$ と仮定できる．つまり，母分散の推定量は標本分散 V であっても，不偏分散 S^2 であっても大きな差はない．

このときの $100(1 - \alpha)$ ％信頼区間は，

$$\bar{X} - z_{\alpha/2}\frac{\hat{\sigma}}{\sqrt{n}} \leq \mu \leq \bar{X} + z_{\alpha/2}\frac{\hat{\sigma}}{\sqrt{n}}$$

または，

$$\left[\bar{X} - z_{\alpha/2}\frac{\hat{\sigma}}{\sqrt{n}},\ \bar{X} + z_{\alpha/2}\frac{\hat{\sigma}}{\sqrt{n}}\right]$$

となる．

例 7.3 (標本サイズ n が十分大きい場合) 大企業 (常用労働者が 300 人以上) に雇用されている労働者 (男女各 1000 名) の賃金を調査したところ，次のような結果であった．なお，標準誤差は計算により求めた．

(単位：千円)

性別	標本平均	標準偏差	標準誤差
男性	335	170	5.4
女性	245	100	3.2

これより，90 ％信頼区間を求める．男性については $335 \pm 1.645 \times 5.4$, 女性については $245 \pm 1.645 \times 3.2$ となり，信頼区間はそれぞれ [326.1, 343.9] と [239.7, 250.3] となる．一般に，賃金は右に裾が長い分布であるが，このように標本サイズが大きいときは正規分布を利用して区間推定ができる．

7.3.2 母平均の区間推定 (母分散が未知の場合)

2) の場合，母分散 σ^2 が未知であるので，母分散を推定する必要があり，推定量として不偏分散 $S^2 = \{(X_1 - \bar{X})^2 + (X_2 - \bar{X})^2 + \cdots + (X_n - \bar{X})^2\}/(n-1)$ を用いる．本節の冒頭に示したように，母分散が既知の場合は標準正規分布を利用するが，母分散が未知の場合は不偏分散を用いることによって自由度 $n-1$ の t 分布が利用できる．

母分散 σ^2 は未知であっても，信頼区間の考え方は同じである．前項と同様に式を追って説明する．$T = \sqrt{n}(\bar{X} - \mu)/S \sim t(n-1)$ より，

7.3 1標本問題

$$P\left(-t_{\alpha/2}(n-1) \leq \frac{\sqrt{n}(\bar{X}-\mu)}{S} \leq t_{\alpha/2}(n-1)\right) = 1-\alpha$$

となる．ここで，$t_{\alpha/2}(n-1)$ は自由度 $n-1$ の t 分布で，上側確率が $\alpha/2$ となる値 (上側 $100\alpha/2$ ％点) である．この式から，信頼係数 $100(1-\alpha)$ ％の信頼区間は，

$$\bar{X} - t_{\alpha/2}(n-1)\frac{S}{\sqrt{n}} \leq \mu \leq \bar{X} + t_{\alpha/2}(n-1)\frac{S}{\sqrt{n}}$$

または，

$$\left[\bar{X} - t_{\alpha/2}(n-1)\frac{S}{\sqrt{n}}, \ \bar{X} + t_{\alpha/2}(n-1)\frac{S}{\sqrt{n}}\right]$$

となる．

信頼係数としては 99 ％，95 ％，90 ％がよく用いられるので，それぞれに対応する上側 0.5 ％，2.5 ％，5.0 ％点を，t 分布表 (付表 2) の中からいくつかの自由度を抜粋して表 7.3.1 に掲げる．自由度が ∞ とは正規分布のことである．上側 2.5 ％点の行をみると，自由度が小さいときは値が大きく，自由度が大きくなるにつれて正規分布の値 1.96 に近づく．自由度が 240 程度になると，正規分布とほとんど同じになるため，正規分布を用いて信頼区間をつくっても大差ない．

表 7.3.1 　t 分布の自由度と上側％点

自由度	10	20	30	60	120	240	∞
0.5%点	3.169	2.845	2.750	2.660	2.617	2.596	2.576
2.5%点	2.228	2.086	2.042	2.000	1.980	1.970	1.960
5.0%点	1.812	1.725	1.697	1.671	1.658	1.651	1.645

例 7.4 (母平均の区間推定 (母分散が未知の場合)) 　例 7.2 と同じデータを用いて，母分散が未知であるときの工場 A と B の部品の母平均 μ_A と μ_B の 95 ％信頼区間を求める．まず，計算に必要なものを準備する．

$\bar{x}_A = 10.05$, $\bar{x}_B = 10.05$, 不偏分散 $s_A^2 = 0.120^2$, $s_B^2 = 0.127^2$,

標準誤差はそれぞれ $0.120/\sqrt{8} \fallingdotseq 0.042$ と $0.127/\sqrt{10} \fallingdotseq 0.040$,

自由度 7 の t 分布の上側 2.5 ％点は 2.365，自由度 9 では 2.262 である．以上から

$$10.05 - 2.365 \times 0.042 \leq \mu_A \leq 10.05 + 2.365 \times 0.042,$$

$$10.05 - 2.262 \times 0.040 \leq \mu_B \leq 10.05 + 2.262 \times 0.040$$

となり，それぞれ，信頼区間 [9.95, 10.15] と [9.96, 10.14] が求まる.

なお，1) と 2) については，標本サイズが小さい場合に注意がいる. 母集団分布が厳密に正規分布であるということはほとんどないが，少なくとも正規分布から大きく外れることはないという保証が必要である. ガウスが正規分布を誤差分布として利用したように，品質管理では，測定値が正規分布に従うとして問題ないとする事例が多くある. そのような場合は標本サイズが小さくても現実的に利用できる.

7.3.3 母比率の区間推定

母比率 p の推定について考える. 母集団サイズが十分大きい (無限母集団とみなしてもよい) とき，成功回数 X は二項分布 $B(n, p)$ に従うと仮定してよい. 二項分布の期待値と分散を再掲する.

$$\mu = E[X] = np, \qquad \sigma^2 = E[(X - \mu)^2] = np(1 - p)$$

7.1 節で説明したように，n 回の試行のうち成功回数 X により求められる母比率 p の推定量 $\hat{p} = X/n$ は，p の一致推定量であり，不偏推定量である. $\hat{p}$ の期待値と分散は次のようになる.

$$E[\hat{p}] = p, \qquad V[\hat{p}] = E[(\hat{p} - p)^2] = \frac{p(1 - p)}{n}$$

この関係と，試行回数 n が大きいとき二項分布 $B(n, p)$ が正規分布で近似できることより，次の式が成り立つ.

$$Z = \frac{\sqrt{n}(\hat{p} - p)}{\sqrt{p(1 - p)}} \sim N(0, 1)$$

標準正規分布の上側 $100\alpha/2$ ％点を $z_{\alpha/2}$ とすると.

$$P\left(\hat{p} - z_{\alpha/2}\frac{\sqrt{p(1 - p)}}{\sqrt{n}} \leq p \leq \hat{p} + z_{\alpha/2}\frac{\sqrt{p(1 - p)}}{\sqrt{n}}\right) = 1 - \alpha$$

となる. ( ) 内の不等式を解くことによって母比率 p の信頼区間は求まるが，2 次不等式を解くことになり，計算が複雑であるため通常用いることはない. 簡便な方法として，標準誤差 $\sqrt{p(1 - p)/n}$ の p を推定値 $\hat{p}$ で置き換える. 結論として，次のように信頼係数 $100(1 - \alpha)$ ％の信頼区間は，

$$\hat{p} - z_{\alpha/2}\frac{\sqrt{\hat{p}(1 - \hat{p})}}{\sqrt{n}} \leq p \leq \hat{p} + z_{\alpha/2}\frac{\sqrt{\hat{p}(1 - \hat{p})}}{\sqrt{n}}$$

7.3 1標本問題

または,
$$\left[\hat{p} - z_{\alpha/2}\frac{\sqrt{\hat{p}(1-\hat{p})}}{\sqrt{n}},\ \hat{p} + z_{\alpha/2}\frac{\sqrt{\hat{p}(1-\hat{p})}}{\sqrt{n}}\right]$$

となる.

以上より,母比率 p の信頼区間を得るために
- 母集団サイズが十分大きい (二項分布 $B(n,p)$ を用いることができる)
- 試行回数 n が大きい (二項分布が正規分布で近似できる)
- 標準誤差 $\sqrt{p(1-p)/n}$ の p を推定値 $\hat{p}$ で置き換える

という3つの近似を用いていることに注意されたい.

最後に,信頼係数を一定にして,信頼区間の幅 2ε を制限するための最低の標本サイズ n の求め方を示す.たとえば,母比率 p の95%信頼区間の幅を ± 0.03 以下にしたい場合,$1.96\sqrt{p(1-p)/n} \leq 0.03$ を解いて求める.$p(1-p) \leq 0.5 \times 0.5$ であることから,$(1.96 \times 0.5/0.03)^2 \fallingdotseq 1067 \leq n$ とすればよい.通常,世論調査では ± 0.03 を目標としている.実際は,2500〜3000人を調査する.その理由は,世論調査が単純無作為抽出でないため,正確な値を得るには余裕をもたせる必要があるという理由からである.

例 7.5 (母比率の区間推定) 現状ウェブサイト A と改善案ウェブサイト B について,次ページをクリックするか否かのモニター調査を行ったところ次のような結果を得た.なお,成功割合と標準誤差は計算により求めた.

	成功回数	失敗回数	成功割合	標準誤差
現状ウェブサイト A	500	2000	0.200	0.008
改善案ウェブサイト B	50	150	0.250	0.031

これより,95%信頼区間を求める.ウェブサイト A については $0.200 \pm 1.96 \times 0.008$,B については $0.250 \pm 1.96 \times 0.031$ となり,信頼区間はそれぞれ $[0.184, 0.216]$ と $[0.189, 0.311]$ と近似できる.この結果を可視化したのが右図である.成功割合だけを比較するとBがAより効果があるように思える.しかし,信頼区間を比較すると重なる部分もあり,明らかにBのほうがよいとはいえない.このように,信頼区間の比較には可視化が有効である.

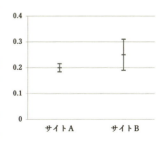

142   7. 統計的推測 (推定)

7.3 節の重要事項

○ **1 標本問題における区間推定**

母数 θ の推定を推定量 $\hat{\theta}$ から $\pm$ の幅のある区間で表記する.

○**母平均 μ の $100(1-\alpha)$ %信頼区間**

サイズ n の標本 $X_1, X_2, \cdots, X_n$ が互いに独立に $N(\mu, \sigma^2)$ に従う.

  ・母分散 σ^2 が既知のとき, $\bar{X} - z_{\alpha/2}\dfrac{\sigma}{\sqrt{n}} \leq \mu \leq \bar{X} + z_{\alpha/2}\dfrac{\sigma}{\sqrt{n}}$

  ・母分散 σ^2 が未知のとき, $\bar{X} - t_{\alpha/2}(n-1)\dfrac{S}{\sqrt{n}} \leq \mu \leq \bar{X} + t_{\alpha/2}(n-1)\dfrac{S}{\sqrt{n}}$

標本サイズ n が十分大きく, 標本 $X_1, X_2, \cdots, X_n$ が互いに独立に平均 μ, 分散 σ^2 の同一の確率分布に従う.

  ・$\bar{X} - z_{\alpha/2}\dfrac{\hat{\sigma}}{\sqrt{n}} \leq \mu \leq \bar{X} + z_{\alpha/2}\dfrac{\hat{\sigma}}{\sqrt{n}}$

○**母比率 p の $100(1-\alpha)$ %信頼区間**

母集団サイズが十分大きく, 試行回数 n が大きいとき,

$$\hat{p} - z_{\alpha/2}\frac{\sqrt{\hat{p}(1-\hat{p})}}{\sqrt{n}} \leq p \leq \hat{p} + z_{\alpha/2}\frac{\sqrt{\hat{p}(1-\hat{p})}}{\sqrt{n}}$$

7.4 2 標本問題

前節では 1 標本問題を取り上げた. 本節では, 2 標本問題を取り上げる. 1 標本問題は 1 つの母集団に関する推定や次章で述べる検定の考察をいう. 一方, 2 標本問題は 2 つの母集団を対象とし, 2 つの母集団の母数の差や比の推定や検定を考える. 本書では, 2 標本問題の基礎として母平均の差の推定についてのみ解説する.

2 標本問題の区間推定を行う際, 条件が 1 標本問題のときより複雑になる. また, 標準誤差の式も複雑である. 1 標本の場合とどの点が異なるのかを考えるために, 本節の話の順番を先にまとめる.

まず, 全体に関係する条件は 3 つである.

  ・2 つの母集団があり, 母集団分布はそれぞれ正規分布 $N(\mu_1, \sigma_1^2)$, $N(\mu_2, \sigma_2^2)$ である.

  ・1 つ目の母集団から m 個の標本 $X_1, X_2, \cdots, X_m$ を互いに独立に抽出する.

  ・2 つ目の母集団から n 個の標本 $Y_1, Y_2, \cdots, Y_n$ を互いに独立に抽出する.

このとき, 次の性質が成り立つ.

7.4 2 標本問題   143

・標本平均 $\bar{X} = (X_1 + X_2 + \cdots + X_m)/m$ は正規分布 $N(\mu_1, \sigma_1^2/m)$ に従う.

・標本平均 $\bar{Y} = (Y_1 + Y_2 + \cdots + Y_n)/n$ は正規分布 $N(\mu_2, \sigma_2^2/n)$ に従う.

現在の目標は,母平均の差 $\delta = \mu_1 - \mu_2$ の考察で,その推定量を $\bar{D} = \bar{X} - \bar{Y}$ とする.この推定量 $\bar{D}$ がどのような性質をもつかを考える.

・推定量 $\bar{D}$ は正規分布に従い,その期待値と分散は次のようになる.

$$E[\bar{D}] = \delta, \qquad V[\bar{D}] = E[(\bar{D} - \delta)^2] = \frac{\sigma_1^2}{m} + \frac{\sigma_2^2}{n}$$

つまり,

$$\bar{D} \sim N\left(\delta, \frac{\sigma_1^2}{m} + \frac{\sigma_2^2}{n}\right)$$

が成り立つ.ここまでが,条件および条件の下での推定量 $\bar{D}$ の性質である.母平均の差の区間推定は大きく 2 種類

1) 母分散が既知の場合 (7.4.1 項へ)

2) 母分散が未知で等しい場合 (7.4.2 項へ)

に分かれる.上の 2 種類が基本であるが次のような場合も考えてよい.

3) 母分散が既知ではないが,標本サイズ m と n がともに大きく,中心極限定理が使える場合

この 3) の場合については,1 標本問題と同様,1) を拡張 (母分散の推定値を代入) し,近似的な信頼区間を求めることができる.さらに,本来は 2 標本問題ではないが,重要な問題として

4) 対応がある場合 (7.4.3 項へ)

がある.

7.4.1 母平均の差の区間推定 (母分散が既知の場合)

2 つの母集団の母分散 σ_1^2 と σ_2^2 が何らかの理由でわかっている場合,推定量 $\bar{D}$ は正規分布に従い,期待値と分散から

$$Z = \frac{\bar{D} - \delta}{\sqrt{\frac{\sigma_1^2}{m} + \frac{\sigma_2^2}{n}}} \sim N(0, 1)$$

となる.標準正規分布の上側 $100\alpha/2$ %点を $z_{\alpha/2}$ とすると,$100(1 - \alpha)$ %の信頼区間は,

$$\bar{D} - z_{\alpha/2}\sqrt{\frac{\sigma_1^2}{m} + \frac{\sigma_2^2}{n}} \leq \delta \leq \bar{D} + z_{\alpha/2}\sqrt{\frac{\sigma_1^2}{m} + \frac{\sigma_2^2}{n}}$$

または,

$$\left[\bar{D} - z_{\alpha/2}\sqrt{\frac{\sigma_1^2}{m} + \frac{\sigma_2^2}{n}}, \ \bar{D} + z_{\alpha/2}\sqrt{\frac{\sigma_1^2}{m} + \frac{\sigma_2^2}{n}}\right]$$

となる.

2つの母分散が既知ではあるが, 大きく違っているときの母平均の差の区間推定は利用しないほうがよい. 計算はできるが, 得られた区間を利用することはあまりない. 次項のように, 母分散が等しいとみなせる程度での利用が現実的である.

7.4.2 母平均の差の区間推定 (母分散が未知で等しい場合)

2つの母集団の母分散 σ_1^2 と σ_2^2 が未知であるが, 等しいことがわかっている場合, まず, 母分散 σ_1^2 と σ_2^2 が等しいという前提なので, $\sigma_1^2 = \sigma_2^2 = \sigma^2$ とおく.

母分散 σ_1^2 の不偏分散 $S_1^2 = \dfrac{(X_1 - \bar{X})^2 + (X_2 - \bar{X})^2 + \cdots + (X_m - \bar{X})^2}{m - 1}$

母分散 σ_2^2 の不偏分散 $S_2^2 = \dfrac{(Y_1 - \bar{Y})^2 + (Y_2 - \bar{Y})^2 + \cdots + (Y_n - \bar{Y})^2}{n - 1}$

から, 母分散 σ^2 の推定量として次のような 2 つの不偏分散を 1 つにまとめた分散

$$S^2 = \frac{(m-1)S_1^2 + (n-1)S_2^2}{(m-1) + (n-1)} = \frac{\displaystyle\sum_{i=1}^{m}(X_i - \bar{X})^2 + \sum_{j=1}^{n}(Y_j - \bar{Y})^2}{m + n - 2}$$

を考える. これはプールした分散とよばれ, 推定量 S^2 は σ^2 の不偏推定量である. 母分散 $\sigma_1^2 = \sigma_2^2 = \sigma^2$ であるから,

$$Z = \frac{\bar{D} - \delta}{\sqrt{\frac{\sigma_1^2}{m} + \frac{\sigma_2^2}{n}}} = \frac{\bar{D} - \delta}{\sqrt{(\frac{1}{m} + \frac{1}{n})\sigma^2}} \sim N(0, 1)$$

となる. 推定量 S^2 については,

$$(m + n - 2)\frac{S^2}{\sigma^2} \sim \chi^2(m + n - 2)$$

が成り立つ. このことから

$$t = \frac{\frac{\bar{D} - \delta}{\sqrt{(\frac{1}{m} + \frac{1}{n})\sigma^2}}}{\sqrt{\frac{S^2}{\sigma^2}}} = \frac{\bar{D} - \delta}{\sqrt{(\frac{1}{m} + \frac{1}{n})S^2}} \sim t(m + n - 2)$$

となる. 自由度 $m + n - 2$ の t 分布の上側 $100\alpha/2$ ％点を $t_{\alpha/2}(m + n - 2)$ と

7.4 2 標本問題　　145

すると，$100(1-\alpha)$ %の信頼区間は，

$$\bar{D}-t_{\alpha/2}(m+n-2)\sqrt{\left(\frac{1}{m}+\frac{1}{n}\right)S^2}\leq \delta \leq \bar{D}+t_{\alpha/2}(m+n-2)\sqrt{\left(\frac{1}{m}+\frac{1}{n}\right)S^2}$$

または，

$$\left[\bar{D}-t_{\alpha/2}(m+n-2)\sqrt{\left(\frac{1}{m}+\frac{1}{n}\right)S^2},\ \bar{D}+t_{\alpha/2}(m+n-2)\sqrt{\left(\frac{1}{m}+\frac{1}{n}\right)S^2}\right]$$

となる．

例 7.6 (母平均の差の区間推定 (母分散が未知で等しい場合))　　例 7.2 のデータを用いて，工場 A と B で製造された自動車部品の長さの差の 95 %信頼区間を求める．ここで，部品の長さは正規分布に従い，母分散は未知であるが等しいことを仮定する．

　必要となる値を準備する．まず，母平均 μ_A と μ_B の推定量は $\bar{x}_A = 10.05$，$\bar{x}_B = 10.05$ となり，推定量 $\bar{d} = \bar{x}_A - \bar{x}_B = 0$ である．また，不偏分散は $s_A^2 = 0.120^2$，$s_B^2 = 0.127^2$ である．母分散は等しいと仮定しているので，プールした分散 $s^2 = 0.124^2$，標準誤差 $= 0.0587$ が計算できる．$t_{0.025}(8+10-2) = 2.120$ である．$2.120 \times 0.0587 \fallingdotseq 0.12$ より，母平均の差の 95 %信頼区間は $[-0.12, 0.12]$ と求められる．

　信頼区間の幅について考察する．例 7.4 の結果にある母平均 μ_A と μ_B の 95 %信頼区間 $[9.95, 10.15]$ と $[9.96, 10.14]$ より，信頼区間の幅はそれぞれ 0.20, 0.18 とわかる．母平均の差の信頼区間の幅は 0.25 (丸め誤差のため) である．このように，各信頼区間の幅より広くなり，2 つの和より狭い．

　母分散は等しいことを仮定しているので，データから得られた分散の実現値が大きく異なっている場合には利用してはならない．この仮説検定を行う際には，最初に分散の値を確認する必要がある．

7.4.3　母平均の差の区間推定 (対応がある場合)

　母平均の差の区間推定の最後に，対応がある場合について説明する．まずは，次のような状況を例としてあげる．

　n 組の 30 代の二人兄弟の身長について調べる．研究内容は，兄と弟の身長に差があるか否かということである．つまり，兄の身長の母平均を μ_1，弟の身長の母平均を μ_2 としたとき，母平均の差 $\delta = \mu_1 - \mu_2$ に興味がある．

　n 組の兄弟を独立に選び，(兄の身長, 弟の身長) の確率変数を (X_i, Y_i) $(i =$

$1, 2, \cdots, n)$ とする.このように対の形 (X_i, Y_i) で標本が与えられている場合,**対比較**あるいは**対応のある場合**という.

母平均の差 δ について考察するとき,7.4.1 項や 7.4.2 項の 2 標本問題と同じように思われるかもしれないがそうではない.兄弟であるため,親が同じであること,育った環境が同じであることなどのため,何らかの相関があると考えられ,独立とはいえない.このことから,2 標本問題の手法を用いてはならない.このような場合は,確率変数 $D_i = X_i - Y_i$ を求め,7.3.1 項や 7.3.2 項の 1 標本問題と同じ考え方をする.ここでは,7.3.2 項の母平均の区間推定 (母分散が未知の場合) を利用する.考え方はまったく同じあるのでやや省略した形で説明する.

n 個の確率変数 $D_1, D_2, \cdots, D_n$ が互いに独立に正規分布 $N(\delta, \sigma^2)$ に従うと仮定し,母平均の差 δ の推定量を標本平均 $\bar{D}$ とすることはいままでと同様,問題はない.推定量 $\bar{D}$ は正規分布に従い,その期待値と分散は次のようになる.

$$E[\bar{D}] = \delta, \qquad V[\bar{D}] = E[(\bar{D} - \delta)^2] = \frac{\sigma^2}{n}$$

つまり,

$$\bar{D} \sim N\left(\delta, \frac{\sigma^2}{n}\right)$$

である.母分散 σ^2 の推定量として不偏分散 $S^2 = \{(D_1 - \bar{D})^2 + (D_2 - \bar{D})^2 + \cdots + (D_n - \bar{D})^2\}/(n-1)$ を用いると,$T = \sqrt{n}(\bar{D} - \delta)/S \sim t(n-1)$ より,信頼区間は,

$$\bar{D} - t_{\alpha/2}(n-1)\frac{S}{\sqrt{n}} \leq \delta \leq \bar{D} + t_{\alpha/2}(n-1)\frac{S}{\sqrt{n}}$$

または,

$$\left[\bar{D} - t_{\alpha/2}(n-1)\frac{S}{\sqrt{n}}, \ \bar{D} + t_{\alpha/2}(n-1)\frac{S}{\sqrt{n}}\right]$$

と表すことができる.ここで,$t_{\alpha/2}(n-1)$ は,自由度 $n-1$ の t 分布で,上側確率が $\alpha/2$ となる値 (上側 $100\alpha/2$ %点) である.

例 7.7 (母平均の差の区間推定 (対応がある場合))   次の表は,ある学校で行った 20 名の夏休み前と夏休み後の試験結果である.また,3 行目は夏休み前の点数から夏休み後の点数を引いた差である.夏休み前と後の試験結果は独立ではなく相関があると考えられる.実際,相関係数は 0.64 である.これらの試験結果の差の 95 %信頼区間を求める.ここで,点数差は正規分布に従うとする.

7.4 2標本問題 147

(単位：点)

夏休み前	72	70	70	74	70	67	75	70	62	69
夏休み後	65	52	70	70	63	65	71	56	60	65
差	7	18	0	4	7	2	4	14	2	4
夏休み前	84	70	67	65	65	75	80	75	63	77
夏休み後	78	72	63	63	60	80	75	70	70	72
差	6	−2	4	2	5	−5	5	5	−7	5

必要となる値を準備する．まず，2 つの試験の母平均の差を δ とすると，その推定量 $\bar{d} = 4.0$ である．また，不偏分散 $s^2 = 5.56^2$ で 標準誤差 $= 1.24$ が計算できる．$t_{0.025}(19) = 2.093$ である．これらより 95 ％信頼区間は $[1.4, 6.6]$ と求められる．

このデータが同一の 20 名でなく，独立した各 20 名のデータであったとすると次のようになる．ただし，母分散は等しいと仮定する．プールした分散 $s^2 = 6.41^2$ で，標準誤差 $= 2.03$，$t_{0.025}(38) = 2.024$ である．これらより 95 ％信頼区間は $[-0.1, 8.1]$ と求められ，信頼区間の幅は広くなる．

7.4 節の重要事項

○ 2 標本問題における区間推定

母平均の差 $\delta = \mu_1 - \mu_2$ の推定量 $\bar{D} = \bar{X} - \bar{Y}$ から $\pm$ の幅のある区間で表記する．

○母平均の差 δ の $100(1 - \alpha)$ ％信頼区間

サイズ m の標本 $X_1, X_2, \cdots, X_m$ が互いに独立に $N(\mu_1, \sigma_1^2)$ に従う．
サイズ n の標本 $Y_1, Y_2, \cdots, Y_n$ が互いに独立に $N(\mu_2, \sigma_2^2)$ に従う．

・母分散 σ_1^2 と σ_2^2 が既知のとき，

$$\bar{D} - z_{\alpha/2}\sqrt{\frac{\sigma_1^2}{m} + \frac{\sigma_2^2}{n}} \leq \delta \leq \bar{D} + z_{\alpha/2}\sqrt{\frac{\sigma_1^2}{m} + \frac{\sigma_2^2}{n}}$$

・母分散 σ_1^2 と σ_2^2 が未知であるが等しいとき，

$$\bar{D} - t_{\alpha/2}(m+n-2)\sqrt{\left(\frac{1}{m} + \frac{1}{n}\right)S^2} \leq \delta \leq \bar{D} + t_{\alpha/2}(m+n-2)\sqrt{\left(\frac{1}{m} + \frac{1}{n}\right)S^2}$$

・対応があるとき，$D_i = X_i - Y_i \ (i = 1, 2, \cdots, n)$ を求め，1 標本問題として考える．

$$\bar{D} - t_{\alpha/2}(n-1)\frac{S}{\sqrt{n}} \leq \delta \leq \bar{D} + t_{\alpha/2}(n-1)\frac{S}{\sqrt{n}}$$

7.5 発展的な話題

母分散に関係する区間推定の構成方法は高度であるので，ここでは，今後の参考となる程度に，母分散の区間推定 (1 標本問題) と母分散の比の区間推定 (2 標本問題) について解説する．

母分散の大きさの比較は，母平均の比較のような「差」ではなく，互いの大きさに対する「比」を考える．実際の現場では，標準偏差が利用されるので母分散の平方根に意味があることに注意されたい．

7.5.1 母分散の区間推定

母分散の信頼区間の求め方について説明する．6.2 節の重要事項を参考にすると，サイズ n の標本 $X_1, X_2, \cdots, X_n$ が互いに独立に正規分布 $N(\mu, \sigma^2)$ に従うとき，$(n-1)S^2/\sigma^2$ は自由度 $n-1$ の χ^2 分布に従う．ここで，S^2 は不偏分散である．

$$\chi^2 = \frac{(n-1)S^2}{\sigma^2} \sim \chi^2(n-1)$$

自由度 $n-1$ の χ^2 分布の下側および上側 $100\alpha/2$ ％点をそれぞれ $\chi^2_{1-\alpha/2}(n-1)$，$\chi^2_{\alpha/2}(n-1)$ とおくと，

$$P\left(\chi^2_{1-\alpha/2}(n-1) \leq \frac{(n-1)S^2}{\sigma^2} \leq \chi^2_{\alpha/2}(n-1)\right) = 1 - \alpha$$

となり，これより，信頼係数 $100(1-\alpha)$ ％の信頼区間は，

$$\frac{(n-1)S^2}{\chi^2_{\alpha/2}(n-1)} \leq \sigma^2 \leq \frac{(n-1)S^2}{\chi^2_{1-\alpha/2}(n-1)}$$

または，

$$\left[\frac{(n-1)S^2}{\chi^2_{\alpha/2}(n-1)}, \frac{(n-1)S^2}{\chi^2_{1-\alpha/2}(n-1)}\right]$$

と表すことができる．

7.5.2 母分散の比の区間推定

母分散の比の信頼区間の求め方について説明する．ここでは，6.3.4 項の F 分布の知識が必要となる．2 標本問題であるので，7.4 節と同様に次の条件を満たすことを仮定する．

7.5 発展的な話題 149

・2 つの母集団があり，母集団分布はそれぞれ正規分布 $N(\mu_1, \sigma_1^2)$, $N(\mu_2, \sigma_2^2)$ である．

・1 つ目の母集団から m 個の標本 $X_1, X_2, \cdots, X_m$ を互いに独立に抽出する．

・2 つ目の母集団から n 個の標本 $Y_1, Y_2, \cdots, Y_n$ を互いに独立に抽出する．

このとき，次が成り立つ．

$$\frac{(m-1)S_1^2}{\sigma_1^2} \sim \chi^2(m-1), \qquad \frac{(n-1)S_2^2}{\sigma_2^2} \sim \chi^2(n-1)$$

ここで，S_1^2 と S_2^2 はそれぞれ 2 つの母集団に対する母分散 σ_1^2, σ_2^2 の不偏分散である．6.3.4 項の F 分布の定義から，次の式が導かれる．

$$F = \frac{S_1^2/\sigma_1^2}{S_2^2/\sigma_2^2} = \frac{S_1^2}{\sigma_1^2} \cdot \frac{\sigma_2^2}{S_2^2} \sim F(m-1, n-1)$$

ここで，$F(m-1, n-1)$ は自由度 $(m-1, n-1)$ の F 分布である．これより，自由度 $(m-1, n-1)$ における下側および上側 $100\alpha/2$ ％点を用いて，

$$P\left(F_{1-\alpha/2}(m-1, n-1) \leq \frac{S_1^2}{\sigma_1^2} \cdot \frac{\sigma_2^2}{S_2^2} \leq F_{\alpha/2}(m-1, n-1)\right) = 1-\alpha$$

と表すことができる．母分散の比 σ_2^2/σ_1^2 の信頼係数 $100(1-\alpha)$ ％の信頼区間は，

$$F_{1-\alpha/2}(m-1, n-1)\frac{S_2^2}{S_1^2} \leq \frac{\sigma_2^2}{\sigma_1^2} \leq F_{\alpha/2}(m-1, n-1)\frac{S_2^2}{S_1^2}$$

または，

$$\left[F_{1-\alpha/2}(m-1, n-1)\frac{S_2^2}{S_1^2}, \ F_{\alpha/2}(m-1, n-1)\frac{S_2^2}{S_1^2}\right]$$

と表すことができる．

演習問題 7

1. ある地区に住んでいる全世帯を対象に図書館の利用意識について調査を行う．今回の調査では，全世帯のリストを作成し，そこから系統抽出法で対象世帯を選び，478 世帯から回答を得た．この調査における図書館利用率は 34 ％であった．

(1) この調査における母集団と標本の組合せを次のなかから選べ．

① 母集団：調査で選ばれた対象世帯　　　　標本：調査を回答した人

② 母集団：調査で選ばれた対象世帯　　　　標本：ある地区に住んでいる全世帯

③ 母集団：ある地区に住んでいる全世帯　　標本：調査で選ばれた対象世帯

④ 母集団：ある地区に住んでいる全世帯　　標本：調査を回答した人

⑤ 母集団：日本に住んでいる全世帯　　　　標本：ある地区に住んでいる全世帯

150　　　　　　　　　　　　　　　　　　　　　7. 統計的推測 (推定)

(2)　母集団の図書館利用率の 95 % 信頼区間を次のなかから選べ.

① $0.34 \pm 1.96 \sqrt{(0.66 \times 0.34)/478}$

② $0.34 \pm 1.96 \sqrt{(0.66 \times 0.34)/478}$

③ $0.34 \pm 1.96 \sqrt{(0.66 \times 0.34)}$

④ $0.34 \pm 1.64 \sqrt{(0.66 \times 0.34)/478}$

⑤ $0.34 \pm 1.64 \sqrt{(0.66 \times 0.34)}$

2. ある病院では午前と午後の診療がある. 患者を無作為に抽出し, 病院に到着してから診察までの待ち時間を調べたところ次の表のようになった. 以前の調査から待ち時間は正規分布に従うことがわかっている. なお, 調査人数は午前が 12 名, 午後が 10 名であった.

(単位：分)

午前	28	17	29	30	31	31	18	27	29	24	29	19
午後	18	13	21	26	26	27	19	19	26	15		

(1)　母分散が既知でともに 5^2 であることが知られている場合と, 母分散が未知で表から推定した場合に分けて, 午前と午後の待ち時間の母平均 μ_A と μ_B の 95 % 信頼区間を求めよ.

(2)　午前と午後の待ち時間の母平均 μ_A と μ_B の差 $\delta = \mu_A - \mu_B$ の 95 % 信頼区間を求めよ. ただし, 母分散は未知であるが等しいと仮定する.

3. ある種の映画鑑賞は最高血圧の値を下げるといわれている. 次の表は, 無作為に選ばれた 15 人の映画を観る前と観た後の最高血圧の値である. また, 3 行目は映画を観る前から観た後の最高血圧の値の差である. 映画鑑賞前後の最高血圧の値の差について 90 % 信頼区間を求めよ. ここで, 最高血圧の値の差は正規分布に従うとする.

(単位：mmHg)

前	135	128	124	114	136	128	130	133
後	121	108	125	93	136	106	102	115
差	14	20	−1	21	0	22	28	18

前	150	127	136	130	137	143	121
後	120	111	136	112	110	147	120
差	30	16	0	18	27	−4	1

4. 320 人を対象として, 現状ウェブサイト A と改善案ウェブサイト B について **A/B** テスト (施策 A と B の良否を判断するためのテスト) を行った. 対象者をランダムに半数に分け, ウェブサイト A と B について次のような結果を得た. 各々について 95 % 信頼区間を求めよ.

	成功回数	失敗回数	成功割合
現状ウェブサイト A	40	120	0.25
改善案ウェブサイト B	48	112	0.30

8 章

統計的推測 (検定)

　推測統計の手法には，大きく前章で説明した母数の推定と，本章で扱う**統計的仮説検定** (簡単に**仮説検定**，または**検定**とよぶ) がある．統計を用いた科学的な検証として仮説検定の考え方は有効であり，さまざまな分野で用いられる．

　前章の冒頭で，内閣支持率の 2 種類の表記方法について述べ，区間推定を用いると支持率は 35.6 ± 3.1 ％といった表記になることを示した．仮説検定は，信頼区間とおおいに関係がある．たとえば，"内閣支持率は 40.0 ％"であるという主張に対し，データから得た 95 ％信頼区間が 35.6 ± 3.1 ％であれば，40.0 ％であるという主張は認めがたい．それは，内閣支持率が大きくとも 38.7 ％程度が限界ではないかという考え方に基づくからである．ただし，あくまで確率での結論であるため，間違っているかもしれない．つまり，主張が事実であるという可能性はまだある．

　仮説検定は，何らかの主張や仮説から話がはじまる．仮説や主張の可否をどのように結論づければよいか？ これを論ずるには仮説検定が有効で，仮説検定の手続きを正確に実行すればよい．仮説検定において，後述する「有意」という言葉や「P-値」という値が重視される．ときに，有意性を導きたい，小さな P-値を得たいがために間違った検証が行われることがある．また，結論だけが独り歩きするという弊害もある．このようなことが起こらないよう，仮説検定の本質を理解されたい．

8.1　仮説検定の考え方

　仮説検定の手順を整理すると，大きく「問題の把握と設定」「検定統計量の導出」「実現値の計算と結果」「問題の結論」の部分に分かれる．未解説の用語もでてくるがそれは気にせず，まずはこれからの話がどのようにつながっていくかをおおよそとらえてほしい．

151

8. 統計的推測 (検定)

★問題の把握と設定

帰無仮説 H_0 の決定　$H_0: \theta = \theta_0$

対立仮説 H_1 の決定　$H_1: \theta \neq \theta_0$　（両側検定）

　　　　　　　　　　　$H_1: \theta > \theta_0$　または　$H_1: \theta < \theta_0$　（片側検定）

有意水準 α の決定　$\alpha = 0.1, 0.05, 0.01$ など

★検定統計量の導出

帰無仮説 H_0 の下での検定統計量 $T(\hat{\theta})$ と棄却域 (棄却限界値) の導出

★実現値の計算と結果

実現値 $T(\hat{\theta}_{\mathrm{obs}})$ と棄却域の比較 (または P-値の導出)

○有意水準 α で実現値が棄却域に含まれる

●有意水準 α で実現値が棄却域に含まれない

★問題の結論

○帰無仮説 H_0 を棄却

　　$\Longrightarrow$ 帰無仮説を棄却する, 対立仮説が正しいといえる

●帰無仮説 H_0 を受容

　　$\Longrightarrow$ 帰無仮説は棄却できず, 帰無仮説が正しくないとはいえない

導入として次のような例をあげる. 教員と学生の会話である.

教員「表裏が出る確率が 1/2 ずつであるコイン投げをします. 3 回続けて表が出ました. 次に表が出る確率はいくらでしょうか?」

学生 A「1/2 です.」

教員「そうですね. 表裏が出る事象は独立で, それまでの結果に関係ないので 1/2 ですね.」

教員「さらに続けてコイン投げをしましたら, 10 回続けて表が出ました. 次に表が出る確率はいくらでしょうか?」

学生 A「1/2 です.」

学生 B「表裏が出る確率が 1/2 ずつであるという前提が疑問で, 表が出やすいのではないかと思います.」

8.1 仮説検定の考え方   153

　表裏が出る確率が $1/2$ ずつであるとき，3回続けて表が出る確率は $1/8$ である．そのようなことはありうるかもしれない．しかし，10回続けて表が出る確率は $1/1024$ である．これはほとんど起こらないと考えてよい．つまり，"表裏が出る確率が $1/2$ ずつである"という仮説に対する学生 B の疑問はもっともである．実際にコインがそのような出方をし，そのため疑問をもったのであれば，適切な調査を企画し，検討するのがよい．たとえば，コインを10回投げ，表が何回出たかにより判断するという調査を企画する．以後，これをコイン投げの例とよぶ．

8.1.1　帰無仮説と対立仮説

　何らかの主張や仮説に対して仮説検定の検証は，帰無仮説 H_0 を提示することからはじまる．この名の意味するとおり，"なしにする"という仮説である．論証したいことは，"帰無仮説を否定する"ことである．ただし，完全に否定することはできない．

　帰無仮説 H_0 は母数 θ に対して，

$$\text{帰無仮説 } H_0 : \theta = \theta_0$$

の形で表す．たとえば，母平均 μ なら $H_0 : \mu = \mu_0$，母比率なら $H_0 : p = p_0$ である．また，実際の μ_0 や p_0 は具体的な値である．先のコイン投げの例では，母数は"表が出る比率 p"であり，帰無仮説 $H_0 : p = 1/2$ となる．"なしにしたい"仮説が帰無仮説であるなら，"示したい"仮説が対立仮説 H_1 である．対立仮説は次の2つの考え方がある．

$$\text{両側対立仮説 } H_1 : \theta \neq \theta_0$$
$$\text{片側対立仮説 } H_1 : \theta > \theta_0 \quad \text{または} \quad H_1 : \theta < \theta_0$$

　コイン投げの例で，表が出る比率 p が $1/2$ でないことを示したいなら，両側対立仮説 $H_1 : p \neq 1/2$ が適切である．表が出やすいのではないかという疑問に答えたいなら，片側対立仮説 $H_1 : p > 1/2$ が適切である．どちらの対立仮説が適切であるかは状況によって判断する[1]．

　両側対立仮説を立てて仮説検定を行うことを**両側検定**，片側対立仮説を立てて仮説検定を行うことを**片側検定**という．

---

　1)　医薬の例では，片側対立仮説を想定することが多い．新薬や新治療方法が既存のものよりプラスに効果があることを知りたいなら $H_1 : \theta > \theta_0$ であり，これらが既存のものより副作用が少ないことを知りたいなら $H_1 : \theta < \theta_0$ である．

8.1.2 有意水準と棄却域

母数 θ に対して帰無仮説 $H_0: \theta = \theta_0$ を想定したとき，もし，帰無仮説が正しいのなら，データから得られた母数の推定量 $\hat{\theta}$ の実現値 $\hat{\theta}_{\mathrm{obs}}$ は帰無仮説が示している値 θ_0 に近いであろう．もし，実現値 $\hat{\theta}_{\mathrm{obs}}$ が θ_0 より遠い値を示したなら，帰無仮説が間違っているのではないかと判断する．帰無仮説が"間違っていると判断する"ことを「**帰無仮説を棄却する**」という．また，"間違っていると判断できない"ときは「**帰無仮説を受容する (帰無仮説は棄却できない)**」という[2]．

仮説検定に利用される推定量 $\hat{\theta}$ は第 7 章と同様の，たとえば，標本平均や標本比率などを用いる．仮説検定に利用される統計量 $T(\hat{\theta})$ を**検定統計量**とよぶ．仮説検定では「帰無仮説の下で」という用語が頻繁にでてくる．これは，"帰無仮説が正しいとき"という意味である．検定統計量は確率変数であるため，帰無仮説の下で検定統計量が従う確率分布が想定できる．

実際のデータが得られたら，実現値 $T(\hat{\theta}_{\mathrm{obs}})$ が計算できる．帰無仮説の下で実現値がどの程度起こりうるかを確率分布の裾の確率を用いて測定する．実現値が確率分布の遠い裾にあるような値を示したとき，"珍しいことが起こった"と考える．この珍しさの基準の確率を**有意水準**とよび，記号 α を用いる．有意水準には 10 %，5 %，1 % が用いられることが多い．この基準は実際に調査するまえに，企画の段階で決めなくてはならない．有意水準に対応して，帰無仮説を棄却する領域を**棄却域**とよぶ．また，帰無仮説を受容する領域を**受容域**とよぶ．棄却域と受容域の境目を**棄却限界値**という．実現値が棄却域に含まれるときに帰無仮説を棄却する．図 8.1.1 に有意水準 α の両側検定 ($H_1: \theta \neq \theta_0$) と片側検定 ($H_1: \theta > \theta_0$) の棄却域 (矢印の領域) を示す．$H_1: \theta < \theta_0$ の片側検定

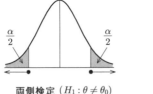
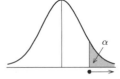

両側検定 ($H_1: \theta \neq \theta_0$)　　片側検定 ($H_1: \theta > \theta_0$)

図 8.1.1　両側検定と片側検定

---

[2] 「帰無仮説を受容する」の「受容」という言葉は誤解を招く可能性がある．つまり，帰無仮説の正しさを認めているように感じられるからである．「受容」は"帰無仮説を棄却するに足る十分な証拠がない"ことを意味しており，けっして積極的に帰無仮説が正しいといっているのではない．この誤解を生まないように，原則，本書では「帰無仮説は棄却できない」と表現する．

8.1 仮説検定の考え方

は左側の領域になる.

コイン投げの例で説明する.コインを 10 回投げ,表が何回出たかにより帰無仮説の正しさを判断する.ここでは,帰無仮説 H_0: $p = 1/2$,片側対立仮説 H_1: $p > 1/2$ を考える.表の出る回数を X とすると,確率変数 X が従う分布は二項分布 $B(10, 1/2)$ である.また,母比率 p の推定量は $\hat{p} = X/10$ となる.表 8.1.1 に,二項分布 $B(10, 1/2)$ の確率分布表を示す.上の行から,10 回中の表の出る回数,$\hat{p} = X/10$,$2^{10} = 1024$ に対する場合の数,表の出る回数に対する確率 $P(X = x)$ である.最後の行が,上側確率 $P(X \geq x)$ である.この表からわかるように,帰無仮説の下で,裾のほうに $\hat{p}$ の実現値 $\hat{p}_{\mathrm{obs}}$ がでる確率は低い.

表 8.1.1 二項分布 $B(10, 1/2)$ の確率分布表

表の出る回数 X	0	1	2	3	4	5	6	7	8	9	10	合計
$\hat{p} = X/10$	0.0	0.1	0.2	0.3	0.4	0.5	0.6	0.7	0.8	0.9	1.0	
場合の数	1	10	45	120	210	252	210	120	45	10	1	1024
確率 (%)	0.1	1.0	4.4	11.7	20.5	24.6	20.5	11.7	4.4	1.0	0.1	1.0
上側確率 (%)	100.0	99.9	98.9	94.5	82.8	62.3	37.7	17.2	5.5	1.1	0.1	

表 8.1.1 から,有意水準 10 ％の棄却域を求める.上側確率が 0.1 前後になる回数を探すと,7 回以上が 0.172,8 回以上が 0.055 である.これより,10 回中 7 回表が出たとしても有意とはいえず,8 回以上出たら 0.10 より小さな値になるため有意となる.つまり,8 回が棄却限界値であり,8 回以上が棄却域となる.同様に有意水準 5 ％,1 ％の棄却域を求めると,9 回以上 $(0.05 > 0.011)$,10 回以上 $(0.01 > 0.001)$ となる.試行回数を多くすれば,有意水準により近い値で棄却域を決めることができる.

実際に調査し,10 回とも表が出た $(\hat{p}_{\mathrm{obs}} = 1.0)$ とき,有意水準 10 ％,5 ％,1 ％のいずれの場合でも帰無仮説を棄却する.表が 9 回 (裏が 1 回) 出た $(\hat{p}_{\mathrm{obs}} = 0.9)$ とき,有意水準 1 ％で帰無仮説は棄却できないが,有意水準 10 ％,5 ％なら帰無仮説を棄却する.このように,有意水準をいくらにするかによって,棄却するか否かが異なるため,有意水準と棄却域は調査前に決めておくことが重要である.

コインを 10 回投げるという調査において,企画の段階で有意水準を 5 ％と決めたなら,実際の調査結果で表が 9 回,裏が 1 回出たとき,帰無仮説を棄却する.これから,"表が出やすい"という結論になる.表が 8 回,裏が 2 回出た

とき，帰無仮説は棄却できない．これから，"表が出やすいとはいえない"という結論になる．

帰無仮説を棄却する判断基準として P-値とよばれる値を用いることがある．P-値は帰無仮説の下で，"検定統計量が実現値と同じかそれを超える値をとる確率"である．たとえば，コイン投げの例では，検定統計量 $\hat{p}$ と実現値 $\hat{p}_{\mathrm{obs}}$ に対して，

$$P(\hat{p} \geq \hat{p}_{\mathrm{obs}})$$

と定義される．10 回とも表が出た ($\hat{p}_{\mathrm{obs}} = 1.0$) とき P-値 $= P(\hat{p} \geq 1.0) = 0.001$，9 回出た ($\hat{p}_{\mathrm{obs}} = 0.9$) とき P-値 $= 0.011$，8 回出た ($\hat{p}_{\mathrm{obs}} = 0.8$) とき P-値 $= 0.055$ となる．有意水準 α で帰無仮説を棄却した場合でも，P-値を知ることによって，より詳しい情報を得ることができる．また，棄却できなかったときも，どの程度の確率であったのかが把握でき役に立つ．

P-値の考え方は片側検定の場合は明確であるが，両側検定の場合は，実現値の裾と反対側の裾についても考察しなくてはならない．一般に，片側検定の P-値の 2 倍とする．つまり，$\hat{p}_{\mathrm{obs}}$ に関しては，10 回とも表が出たとき P-値 $= 2 \times P(\hat{p} \geq 1.0) = 0.002$，9 回出たとき P-値 $= 0.022$，8 回出たとき P-値 $= 0.110$ となる．検定統計量が従う確率分布が左右対称であればこの考え方で問題はない．しかし，非対称の場合は注意が必要である[3]．

8.1.3　2 種類の過誤と検出力

統計学的に正しいことを 100 ％の確率で示すことはできない．仮説検定による検証では，次に述べる 2 種類の過誤が生じる可能性がある．"統計学的に認められた"という結論が散見されるが，どのような手続きによって，どこまで論証されたかは確認すべきで，これから説明する 2 種類の過誤の考え方を正しく理解することが重要である．

1) 第 1 種の過誤　帰無仮説 H_0 が正しいときに棄却する誤りを**第 1 種の過誤**とよぶ．有意水準 α は第 1 種の過誤の確率でもある．ここでの注意として，

① 有意水準 α は，帰無仮説 H_0 が正しくない確率ではないこと，

② 帰無仮説の棄却と受容 (棄却できない) は，対称的な表現ではないこと，

をあげる．

---

3)　文献 [7] などを参照．

8.1 仮説検定の考え方　　　　　　　　　　　　　　　　　　　　　157

　帰無仮説を有意水準 α で棄却することは，区間推定と同様，"この調査を複数回実施できるなら，それら調査のうち確率 α で帰無仮説が正しいにもかかわらず棄却するという過ちを起こす"ことを意味している．繰り返しになるが，受容することは"帰無仮説を棄却するに足る十分な証拠がない"ことであり，けっして積極的に帰無仮説を受け入れたり，正しいといったりしているのではない．

　2) 第2種の過誤と検出力　　対立仮説 H_1 が正しいときに帰無仮説 H_0 を受容する (棄却できない) 誤りを**第2種の過誤**とよび，その確率を β と表す．対立仮説が正しいときに帰無仮説を棄却することが正しい判断で，この正しい判断を行う確率を**検出力**とよぶ．つまり，検出力は $1 - \beta$ である．

　β を求めるためには対立仮説 H_1 を特定する必要がある．たとえば，母集団分布が二項分布 $B(n, p)$ である場合，帰無仮説 $H_0: p = 1/2$，対立仮説 $H_1: p = 2/3$ のように対立仮説も具体的に決めないと第2種の過誤や検出力は求められない．実際は対立仮説の具体的な値はわからないので，対立仮説 $H_1: p = p_1$ に対して p_1 をいくつか想定し，どの程度の第2種の過誤が生じるのか，または，どの程度の検出力が想定されるかを計算する．以上の関係を表 8.1.2 にまとめる．

表 8.1.2　2種類の過誤

仮説の判断	H_0 が正しい	H_1 が正しい (H_0 は誤り)
H_0 を棄却	第1種の過誤 $\alpha = P(棄却 \mid H_0)$	正しい判断 検出力 $= 1 - \beta = P(棄却 \mid H_1)$
H_0 を受容	正しい判断	第2種の過誤 $\beta = P(受容 \mid H_1)$

　本節の最後に，これからの説明 (母平均 μ と母比率 p に関する仮説検定) の内容を理解しやすくするため，仮説検定の分類をまとめる．この分類は，前章の信頼区間の分類とほぼ同じである．また，必要とする知識は前章と同じであり，繰り返しになるが，「6.3 節の重要事項」のまとめが役に立つ．

---

1. 1標本問題 (1 つの母集団の母平均または母比率に関する問題)

○母平均の検定

　1) 母分散が既知の場合 (正規分布による検定→ 8.2.1 項へ)

　2) 母分散が未知の場合 (t 分布による検定→ 8.2.2 項へ)

158   8. 統計的推測 (検定)

> 3) 母分散が未知で標本サイズが十分大きい場合
>
>   (正規分布による検定→ 8.2.1 項へ)
>
> ○母比率の検定
>
>   4) 母比率の検定 (正規分布による検定→ 8.2.3 項へ)
>
> **2. 2 標本問題** (2 つの集団の母平均または母比率の差に関する問題)
>
> ○母平均の差の検定
>
>   1) 母分散が既知の場合 (正規分布による検定→ 8.3.1 項へ)
>
>   2) 母分散が未知で等しい場合 (t 分布による検定→ 8.3.2 項へ)
>
>   3) 母分散が未知で等しいと仮定できない場合 (本書では扱わない[4])
>
> ○母比率の差の検定
>
>   4) 母比率の検定 (正規分布による検定→ 8.5.1 項[5] へ)
>
> **3. 対応のある標本・対比較** (t 分布による検定→ 8.3.3 項へ)

本書では母分散に関する仮説検定については省略するが, 7.5 節で説明した信頼区間の議論と同様になる.

8.1 節の重要事項

> ○**帰無仮説** $H_0 : \theta = \theta_0$
>
> ○**対立仮説** $H_1 : \theta \neq \theta_0$ (両側検定)
>
> $H_1 : \theta > \theta_0$ または $H_1 : \theta < \theta_0$ (片側検定)
>
> ○**検定統計量**   仮説検定の判断に用いる統計量
>
> ○**棄却域**   帰無仮説を棄却する領域
>
> ○**受容域**   帰無仮説を受容する領域
>
> ○**有意水準**   帰無仮説の下で誤って棄却する確率
>
> ○ **P-値**   帰無仮説の下で検定統計量が実現値と同じかそれを超える値をとる確率
>
> ○**第 1 種の過誤**   帰無仮説が正しいときに誤って棄却する誤り＝有意水準 α
>
> ○**第 2 種の過誤**   対立仮説が正しいときに帰無仮説を棄却しない誤り β
>
> ○**検出力**   対立仮説が正しいときに帰無仮説を棄却する確率 $1 - \beta$

---

4) 文献 [7], [8] などを参照.

5) 母比率の差の検定は複雑であるため, 発展的な話題とした.

─── 品質管理の検定 ───

第 1 種の過誤を**生産者リスク (生産者危険)**, 第 2 種の過誤を**消費者リスク (消費者危険)** とよぶことがある. この名称は, 品質管理の用語に基づく. 生産過程において, 製品の一部を検査 (標本調査) して, 製品の品質が当初決めた管理状態にあると判断できれば出荷し, 管理状態にないと判断されると出荷が停止されたり, 全数調査を行ったり, ラインのチェックを行ったりする.

仮説検定の考え方を導入すると,

　　帰無仮説 H_0: 管理状態にある,　　対立仮説 H_1: 管理状態にない

となる. 帰無仮説が正しい (管理状態にある) にもかかわらず, たまたま検査された製品が低品質だったとき, 上に述べたような手続きを行うため生産者が損をする. 一方, 管理状態でないにもかかわらず, 低品質が見逃され製品が出荷されると消費者が損をする.

品質管理の仮説検定では, 第 1 種過誤の確率を定めたうえで第 2 種過誤の確率を小さくするという考え方をもち, 具体的な検査手法を考える. たとえば, 帰無仮説の下で製品の不良品の発生確率が二項分布 $B(n,p)$ に従う場合, 定期的に検査する製品の個数 n と不良品の個数 x を具体的に決め, x がいくつ以上であれば帰無仮説を棄却するかを決める.

8.2　1 標本問題

7.3 節では, 母数の推定に関する 1 標本問題について説明した. 仮説検定も同様に, 1 つの母集団の母数に関する仮説検定を **1 標本問題**という. これからの説明は, 仮説検定という立場ではあるが, 7.3 節で扱った推定量を用いる. 推定と検定の関係を理解するうえで重要なことは繰り返し述べる.

仮説検定はさまざまな問題に対応できるが, 本節では, 主として正規分布 $N(\mu, \sigma^2)$ の母平均 μ に関する仮説検定と, 二項分布 $B(n,p)$ の母比率 p の仮説検定を扱う. 母平均 μ の仮説検定では, 標本平均 $\bar{X}$ を用いる. 次の 3 つの条件と, 利用する分布について再掲する.

1) サイズ n の標本 $X_1, X_2, \cdots, X_n$ が互いに独立に正規分布 $N(\mu, \sigma^2)$ に従い, 母分散 σ^2 が既知である. このとき, $Z = \sqrt{n}(\bar{X} - \mu)/\sigma \sim N(0,1)$.
2) サイズ n の標本 $X_1, X_2, \cdots, X_n$ が互いに独立に正規分布 $N(\mu, \sigma^2)$ に従い, 母分散 σ^2 が未知である. このとき, $T = \sqrt{n}(\bar{X} - \mu)/S \sim t(n-1)$.

ここで，S は不偏分散 S^2 の正の平方根である．

3) 標本サイズ n が十分大きく，標本 $X_1, X_2, \cdots, X_n$ が互いに独立に平均 μ，母分散 σ^2 の同一の確率分布に従う．このとき，$Z = \sqrt{n}(\bar{X} - \mu)/\hat{\sigma} \sim N(0,1)$．ここで，母分散の推定量 $\hat{\sigma}^2$ は標本分散 V であっても，不偏分散 S^2 であってもよい．

8.2.1 母平均の検定 (母分散が既知の場合)

サイズ n の標本 $X_1, X_2, \cdots, X_n$ が互いに独立に正規分布 $N(\mu, \sigma^2)$ に従い，母分散 σ^2 が既知であるとき，母平均 μ の推定量である標本平均 $\bar{X}$ は正規分布 $N(\mu, \sigma^2/n)$ に従う．そのことを利用して仮説検定を行う．母分散が既知の場合の母平均の仮説検定が理解できれば，多くの仮説検定の基本的な考え方がわかる．

はじめに，両側検定と片側検定に分けて説明する．図 8.1.1 を参照して読まれることを勧める．次いで，片側検定での検出力の求め方を示す．最後に，標本サイズ n が十分大きい場合，正規分布に従わなくても，さらに母分散が未知であっても，標本平均 $\bar{X}$ が $N(\mu, \sigma^2/n)$ に近似的に従うことを利用し仮説検定を行うことについて述べる．

1) 両側検定の場合　　母平均 μ の両側検定なので，帰無仮説は $H_0 : \mu = \mu_0$，対立仮説は $H_1 : \mu \neq \mu_0$ である．ただし，μ_0 は既知の値である．検定統計量は，標本平均 $\bar{X}$ を帰無仮説の下で標準化した $Z = \sqrt{n}(\bar{X} - \mu_0)/\sigma \sim N(0,1)$ となる．有意水準を 5 % ($\alpha = 0.05$) とすると，標準正規分布では $P(|Z| \geq 1.96) = 0.05$ となり，また，有意水準を 1 % ($\alpha = 0.01$) とすると，$P(|Z| \geq 2.58) = 0.01$ となる．以上をまとめると，$\bar{X}$ について次の棄却域が得られる．

$$\text{有意水準 5 % のとき} \quad |\bar{X} - \mu_0| \geq 1.96 \frac{\sigma}{\sqrt{n}}$$

$$\text{有意水準 1 % のとき} \quad |\bar{X} - \mu_0| \geq 2.58 \frac{\sigma}{\sqrt{n}}$$

また，Z について次の棄却域が得られる．

$$\text{有意水準 5 % のとき} \quad |Z| \geq 1.96$$

$$\text{有意水準 1 % のとき} \quad |Z| \geq 2.58$$

どちらを覚えてもかまわないが，ここでは，Z の棄却域を利用する．有意水準 5 % で実現値 z_{obs} の絶対値が 1.96 より大きいとき，帰無仮説を棄却する．有意水準 1 % で実現値 z_{obs} の絶対値が 2.58 より大きいとき，帰無仮説を棄却する．また，両側対立仮説の P-値は，実現値 z_{obs} の絶対値より外側の確率 $P(|Z| \geq z_{\mathrm{obs}})$

である.

2) 片側検定の場合　片側検定の場合も，母平均 μ の帰無仮説は $H_0: \mu = \mu_0$ で両側検定と同じである．対立仮説は $H_1: \mu > \mu_0$ または $H_1: \mu < \mu_0$ (μ_0 は既知の値) である．どちらを使うかは状況による．ここでは，$H_1: \mu > \mu_0$ について説明する．

繰り返しになるが，帰無仮説の下で検定統計量 $Z = \sqrt{n}(\bar{X} - \mu_0)/\sigma \sim N(0,1)$ である．有意水準 5 % ($\alpha = 0.05$) で標準正規分布では $P(Z \geq 1.645) = 0.05$ となり，また，有意水準 1 % ($\alpha = 0.01$) で $P(Z \geq 2.33) = 0.01$ となる．以上をまとめると，Z について次の棄却域が得られる．

有意水準 5 % のとき　$Z \geq 1.645$

有意水準 1 % のとき　$Z \geq 2.33$

有意水準 5 % で実現値 z_{obs} が 1.645 より大きいとき，帰無仮説を棄却する．有意水準 1 % で実現値 z_{obs} が 2.33 より大きいとき，帰無仮説を棄却する．また，片側対立仮説の P-値は，実現値 z_{obs} の値より外側の確率 $P(Z \geq z_{\text{obs}})$ である．

3) 検出力　片側検定の場合，対立仮説を $H_1: \mu = \mu_1$, $\mu_0 < \mu_1$ とおく．このとき，対立仮説の下で標準化した $Z_1 = \sqrt{n}(\bar{X} - \mu_1)/\sigma \sim N(0,1)$ となる．また，有意水準 5 % ($\alpha = 0.05$) のとき，第 2 種の過誤 $\beta = P(Z_1 < 1.645)$ と求められる．検出力は $1 - \beta = P(Z_1 \geq 1.645)$ である．図 8.2.1 において，点線が棄却限界値である．μ_1 が大きいほど右の分布 (対立仮説の分布) が左の分布 (帰無仮説の分布) より遠ざかり，第 2 種の過誤 β が小さくなり検出力 (図のアミの部分) が高まる．

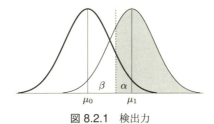

図 8.2.1　検出力

> **例 8.1** (母平均の検定 (母分散が既知の場合))　ある飲料水メーカは，内容量 360 ml のミネラルウォータを製造している．このメーカでは余裕をみて平均内容量が 365 ml となるように出荷している．また，内容量の標準偏差は 2 ml (分散は 4) であることが知られており，正規分布が仮定できる．つまり，内容量 $X \sim N(365, 2^2)$ である．正常に製造されているとき，表示の内容量 360 ml より少なく出荷する確率

は $P(X < 360) = P(Z < (360 - 365)/2) = P(Z < -2.5) = 0.0062\,(0.62\,\%)$ である.

単位時間 12 本の抜き取り調査で内容量を検査している. 帰無仮説は "正常に製造されている" とし $H_0\colon \mu = 365$ とおく. 表示内容量 360 ml より少ない商品が市場に出てクレームの対象となることを防ぐため, 対立仮説 $H_1\colon \mu < 365$ とし, 有意水準 1 % で仮説検定する. あるとき, 12 本の平均値が 363 ml であった. 検定統計量の実現値 $Z_{\mathrm{obs}} = \sqrt{12}(363 - 365)/2 = -3.464 < -2.33$ より帰無仮説は有意水準 1 % で棄却され, 正常に製造されているとはいえない.

もし, 内容量の設定が誤っていて 363 ml となっているとすると, $P(X < 360) = P(Z < (360 - 363)/2) = P(Z < -1.5) = 0.0668$ となり, 表示の内容量 360 ml より少なく出荷する確率は 6.68 % になる.

4) 標本サイズ n が十分大きい場合　　標本サイズ n が十分大きい場合も, 区間推定で説明したことと同様のことがいえる. つまり, 標本 $X_1, X_2, \cdots, X_n$ が互いに独立に平均 μ, 分散 σ^2 の同一の確率分布に従っていれば, 正規分布に従う必要はなく, 中心極限定理より, 標本平均 $\bar{X}$ は正規分布 $N(\mu, \sigma^2/n)$ に従うと仮定できる. さらに, 母分散 σ^2 が未知であっても, 推定量 $\hat{\sigma}^2$ が一致推定量であれば $Z = \sqrt{n}(\bar{X} - \mu)/\hat{\sigma} \sim N(0, 1)$ と仮定できる. つまり, 母分散の推定量は標本分散 V であっても, 不偏分散 S^2 であっても大きな差はない. このことから, 仮説検定については先に述べた考え方がそのまま拡張できる.

両側検定の場合, $H_0\colon \mu = \mu_0$, $H_1\colon \mu \neq \mu_0$ である. 検定統計量は, 帰無仮説の下で標準化した $Z = \sqrt{n}(\bar{X} - \mu_0)/\hat{\sigma} \sim N(0, 1)$ と近似でき, Z について次の棄却域が得られる.

$$\text{有意水準 5 % のとき} \quad |Z| \geq 1.96$$
$$\text{有意水準 1 % のとき} \quad |Z| \geq 2.58$$

片側検定の場合, $H_0\colon \mu = \mu_0$, $H_1\colon \mu > \mu_0$ または $H_1\colon \mu < \mu_0$ である. $H_1\colon \mu > \mu_0$ について示すと, Z に対して次の棄却域が得られる.

$$\text{有意水準 5 % のとき} \quad Z \geq 1.645$$
$$\text{有意水準 1 % のとき} \quad Z \geq 2.33$$

8.2.2　母平均の検定 (母分散が未知の場合)

前項では母分散 σ^2 が既知の場合について説明した. 母分散が既知であることは例外的な状況であり, 通常, 母分散は未知である. ここで示す仮説検定の手続きでは, サイズ n の標本 $X_1, X_2, \cdots, X_n$ が互いに独立に正規分布 $N(\mu, \sigma^2)$

8.2 1 標本問題

物理の発見 5σ の壁

　日常利用する有意水準は 5 %が多く，20 回試行して 1 回程度は間違っていることを許している．"有意水準 5 %の両側検定ではおおよそ 2σ より遠くに実現値が現れると帰無仮説を棄却する"と覚えておくと便利である．

　物理学では容易に「発見」したという結果を導いてはならない．そのため，"○○はない"という帰無仮説に対し，5σ 以上遠くに実現値 (観測結果) が現れないと「発見」として認められない．これは "ないと仮定したとき，偶然このような観測結果がでる可能性が「3 百万回に 1 回起こるかどうか」程度"ということで厳密な結果を要求している．近年の話題では，ヒッグス粒子の発見は 4.6σ で公表し，重力波の発見は 5.1σ で公表した．

に従うことを条件としており，母分散が未知の場合は不偏分散 S^2 を用いることによって，自由度 $n-1$ の t 分布が利用できる．

　母分散は未知であっても，仮説検定の考え方は前項と同様で，検定統計量が Z から $T = \sqrt{n}(\bar{X}-\mu)/S$ になり，帰無仮説 $H_0: \mu = \mu_0$ の下で，

　　　母分散が既知の場合　　$Z = \sqrt{n}(\bar{X} - \mu_0)/\sigma \sim N(0,1)$
　　　母分散が未知の場合　　$T = \sqrt{n}(\bar{X} - \mu_0)/S \sim t(n-1)$

を対比して覚えるとよい．棄却域などの求め方も棄却の判断方法も同じである．つまり，有意水準 100α %のとき，T について次の棄却域が得られる．

　　　両側検定　対立仮説 $H_1: \mu \neq \mu_0$,　棄却域 $|T| \geq t_{\alpha/2}(n-1)$
　　　片側検定　対立仮説 $H_1: \mu > \mu_0$,　棄却域 $T \geq t_\alpha(n-1)$
　　　　　　　　　　　　$H_1: \mu < \mu_0$,　棄却域 $T \leq -t_\alpha(n-1)$

ここで，$t_{\alpha/2}(n-1)$ および $t_\alpha(n-1)$ は，それぞれ自由度 $n-1$ の t 分布の上側 $100\alpha/2$ %点，100α %点である．有意水準としては 5 %，10 %がよく用いられるので，それぞれに対応する上側 2.5 %，5.0 %，10 %点について，t 分布表 (付表 2) の中からいくつかの自由度を抜粋して表 8.2.1 に掲げる．これらが棄却限界値となる．表 7.3.1 に同様の表があるので，そちらも参考にしてほしい．

表 8.2.1　t 分布の自由度と上側%点

自由度	10	20	30	60	120	240	∞
2.5%点	2.228	2.086	2.042	2.000	1.980	1.970	1.960
5.0%点	1.812	1.725	1.697	1.671	1.658	1.651	1.645
10.0%点	1.372	1.325	1.310	1.296	1.289	1.285	1.282

164   8. 統計的推測 (検定)

母分散が未知の場合，既知の場合と違って，検出力を求めるには本書の範囲
を超える高度な内容になる[6]．

例 8.2 (母平均の検定 (母分散が未知の場合))   例 8.1 と同様の問題を考える．あ
る飲料水メーカは，ミネラルウォータの平均内容量が 365 ml となるように出荷し
ている．また，内容量の標準偏差は未知であるが，正規分布が仮定できる．つまり，
内容量 $X \sim N(365, \sigma^2)$ である．

単位時間 12 本の抜き取り調査で内容量を検査している．あるとき，12 本の内容
量が次のように得られた．

(単位：ml)

| 362 | 360 | 362 | 367 | 365 | 362 | 365 | 364 | 362 | 364 | 361 | 362 |

これより，標本平均 $\bar{x} = 363$ (ml)，不偏分散 $s^2 = 4.0$ が求められる．帰無仮説
$H_0: \mu = 365$，対立仮説 $H_1: \mu < 365$ とし，有意水準 1 ％で仮説検定する．検定統
計量の実現値 $T_{\mathrm{obs}} = \sqrt{12}(363 - 365)/2.0 = -3.464$ は例 8.1 と同じであるが棄
却域は異なる．自由度 11 の t 分布の上側 1 ％は 2.718 である．$-3.464 < -2.718$
より帰無仮説は有意水準 1 ％で棄却され，正常に製造されているとはいえない．

8.2.3 母比率の検定

最後に，母比率 p の仮説検定について述べる．帰無仮説は $H_0: p = p_0$ であ
る．7.3.3 項の母比率の区間推定に対応した仮説検定であるが，一つ異なること
がある．7.3.3 項の最後を再掲すると，区間推定は

・母集団サイズが十分大きい (二項分布 $B(n, p)$ を用いることができる)
・試行回数 n が大きい (二項分布が正規分布で近似できる)
・標準誤差 $\sqrt{p(1-p)/n}$ の p を推定値 $\hat{p} = X/n$ で置き換える

という 3 つの近似を用いて $Z = \sqrt{n}(\hat{p} - p)/\sqrt{\hat{p}(1-\hat{p})} \sim N(0, 1)$ とするが，
仮説検定では，3 つ目は帰無仮説 $H_0: p = p_0$ の下で考えるので，検定統計量

$$Z = \frac{\sqrt{n}(\hat{p} - p_0)}{\sqrt{p_0(1 - p_0)}} \sim N(0, 1)$$

となる．あとは，8.2.1 項と同じである．

両側検定の場合，$H_0: p = p_0$，$H_1: p \neq p_0$ である．Z について次の棄却域
が得られる．

---

6) 文献 [11] などを参照．

8.2 1 標本問題 165

有意水準 5 ％のとき　　$|Z| \geq 1.96$

有意水準 1 ％のとき　　$|Z| \geq 2.58$

片側検定の場合，$H_0: p = p_0$，$H_1: p > p_0$ または $H_1: p < p_0$ である．$H_1: p > p_0$ について示すと，Z に対して次の棄却域が得られる．

有意水準 5 ％のとき　　$Z \geq 1.645$

有意水準 1 ％のとき　　$Z \geq 2.33$

例 8.3 (母比率の検定)　ある評論家が"現在の内閣の支持率は 60 ％である"と主張している．実際に 2500 人に調査したところ，1450 人 (58 ％) が支持していると答えた．主張を帰無仮説として，有意水準 5 ％で両側検定を行い考察する．

有意水準 5 ％の棄却域は

$$|Z| = |\sqrt{2500}(\hat{p} - 0.6)/\sqrt{0.6(1 - 0.6)}| \geq 1.96$$

より，$\hat{p} \leq 0.581$，$0.619 \leq \hat{p}$ となる．実現値 $\hat{p}_{\mathrm{obs}} = 0.58$ であることから，帰無仮説は棄却され，この主張は有意水準 5 ％で正しくないとなる．

仮説検定は標本サイズ n を大きくすると棄却されやすくなる．棄却したいがために極端に標本サイズを大きくする行為もみられる (この行為は誤りである)．そのため，$\hat{p}_{\mathrm{obs}}$ が 60 ％ ±3 ％のなかにあるなら積極的に棄却しない，などの基準をおき，仮説検定の結果とともに考察することもある．

8.2 節の重要事項

1 標本問題における仮説検定

○母平均の検定

サイズ n の標本 $X_1, X_2, \cdots, X_n$ が互いに独立に $N(\mu, \sigma^2)$ に従う．

母平均 μ の両側検定　帰無仮説 $H_0: \mu = \mu_0$，対立仮説 $H_1: \mu \neq \mu_0$

　　　　　　片側検定　帰無仮説 $H_0: \mu = \mu_0$，対立仮説 $H_1: \mu > \mu_0$

$$(H_1: \mu < \mu_0 \text{ については略})$$

・母分散 σ^2 が既知のとき，$Z = \sqrt{n}(\bar{X} - \mu_0)/\sigma$ とおくと

両側検定　有意水準 5 ％のとき 棄却域 $|Z| \geq 1.96$

　　　　　有意水準 1 ％のとき 棄却域 $|Z| \geq 2.58$

片側検定　有意水準 5 ％のとき 棄却域 $Z \geq 1.645$

　　　　　有意水準 1 ％のとき 棄却域 $Z \geq 2.33$

・母分散 σ^2 が未知のとき，$T = \sqrt{n}(\bar{X} - \mu_0)/S$ とおくと

両側検定　棄却域 $|T| \geq t_{\alpha/2}(n-1)$

片側検定　棄却域 $|T| \geq t_{\alpha}(n-1)$

○母比率の検定

母集団サイズが十分大きく，試行回数 n が大きいとき，

・$Z = \sqrt{n}(\hat{p} - p_0) / \sqrt{p_0(1 - p_0)}$ とおく．母分散 σ^2 が既知のときと同じになる．

8.3 2標本問題

2つの母集団の母数を比較する問題を扱うのが2標本問題である．ここでは，2つの正規分布の母平均に差があるか否かを仮説検定する問題を扱う．2標本問題の母平均の差の区間推定と同様の手順であるので，7.4節の2標本問題の基本的な考え方について確認されたい．前提となることは7.4節と同じであるが，重要な事柄をまとめる．

まず，全体に関係する条件は次の3つである．

・2つの母集団があり，母集団分布はそれぞれ正規分布 $N(\mu_1, \sigma_1^2)$, $N(\mu_2, \sigma_2^2)$ である．

・1つ目の母集団から m 個の標本 $X_1, X_2, \cdots, X_m$ を互いに独立に抽出する．

・2つ目の母集団から n 個の標本 $Y_1, Y_2, \cdots, Y_n$ を互いに独立に抽出する．

このとき，次の性質が成り立つ．

・標本平均 $\bar{X} = (X_1 + X_2 + \cdots + X_m)/m$ は正規分布 $N(\mu_1, \sigma_1^2/m)$ に従う．

・標本平均 $\bar{Y} = (Y_1 + Y_2 + \cdots + Y_n)/n$ は正規分布 $N(\mu_2, \sigma_2^2/n)$ に従う．

母平均の差 $\delta = \mu_1 - \mu_2$ の推定量 $\bar{D} = \bar{X} - \bar{Y}$ は，$\bar{D} \sim N\left(\delta, \frac{\sigma_1^2}{m} + \frac{\sigma_2^2}{n}\right)$ となる．また，帰無仮説と対立仮説は次のようになる．

両側検定　帰無仮説 $H_0 : \delta = 0$, 対立仮説 $H_1 : \delta \neq 0$

片側検定　帰無仮説 $H_0 : \delta = 0$, 対立仮説 $H_1 : \delta > 0$ (または $H_1 : \delta < 0$)

ここまでが準備である．

8.3.1 母平均の差の検定 (母分散が既知の場合)

帰無仮説 $H_0 : \delta = 0$ の下で，2つの母集団の母分散 σ_1^2 と σ_2^2 が何らかの理由でわかっている場合，推定量 $\bar{D}$ は正規分布 $N(0, \frac{\sigma_1^2}{m} + \frac{\sigma_2^2}{n})$ に従う．検定統計量は，推定量 $\bar{D}$ を標準化した $Z = (\bar{D} - 0) / \sqrt{\frac{\sigma_1^2}{m} + \frac{\sigma_2^2}{n}} \sim N(0, 1)$ となる (0 は書かなくてもよい)．一般には差がないことを帰無仮説にするが，差が δ_0 であること，つまり，帰無仮説 $H_0 : \delta = \delta_0$ を検定したいなら，$Z = (\bar{D} - \delta_0) / \sqrt{\frac{\sigma_1^2}{m} + \frac{\sigma_2^2}{n}} \sim$

8.3 2標本問題 167

$N(0, 1)$ を考えるとよい. 対立仮説は, 両側検定のときは $H_1: \delta \neq \delta_0$, 片側検定のときは $H_1: \delta > \delta_0$ $(H_1: \delta < \delta_0)$ となる. Z について1標本問題と同じ次の棄却域が得られる.

両側検定 　有意水準5%のとき $|Z| \geq 1.96$

　　　　　有意水準1%のとき $|Z| \geq 2.58$

片側検定 　有意水準5%のとき $Z \geq 1.645$

　　　　　有意水準1%のとき $Z \geq 2.33$

7.4.1項の差の区間推定においても注意したが, 2つの母分散が既知であっても大きく違っているとき, 計算はできるが, 本当に意味があるかどうかについては検討する必要がある. $\sigma_1^2 = \sigma_2^2 = \sigma^2$ の場合, $Z = \bar{D} / \sqrt{\left(\frac{1}{m} + \frac{1}{n}\right)\sigma^2}$ となる.

8.3.2　母平均の差の検定 (母分散が未知で等しい場合)

2つの母集団の母分散が未知で $\sigma_1^2 = \sigma_2^2 = \sigma^2$ の場合, 母分散 σ_1^2 の不偏分散 S_1^2 と母分散 σ_2^2 の不偏分散 S_2^2 から, 母分散 σ^2 の推定量として次のようなプールした分散

$$S^2 = \frac{(m-1)S_1^2 + (n-1)S_2^2}{(m-1) + (n-1)} = \frac{\sum\limits_{i=1}^{m}(X_i - \bar{X})^2 + \sum\limits_{j=1}^{n}(Y_j - \bar{Y})^2}{m + n - 2}$$

を利用する. 検定統計量は,

$$T = \frac{\bar{D}}{\sqrt{\left(\frac{1}{m} + \frac{1}{n}\right)S^2}} \sim t(m + n - 2)$$

となる.

両側検定 　対立仮説 $H_1: \delta \neq 0$, 棄却域 $|T| \geq t_{\alpha/2}(m + n - 2)$

片側検定 　対立仮説 $H_1: \delta > 0$, 棄却域 $T \geq t_\alpha(m + n - 2)$

　　　　　$H_1: \delta < 0$, 棄却域 $T \leq -t_\alpha(m + n - 2)$

ここで, $t_{\alpha/2}(m+n-2)$ および $t_\alpha(m+n-2)$ は, それぞれ自由度 $m+n-2$ の t 分布の上側 $100\alpha/2$ %点, 100α %点である.

母分散が既知の場合は Z を利用し, 未知の場合は T を用いるだけで考え方は同じである. これらの検定統計量も 8.2.2 項と同様, 対比させて覚えるとよい.

8.3.1 項では, 母分散 σ_1^2 と σ_2^2 が異なっていても既知であれば仮説検定ができる. また, 本書では説明しないが, 母分散が未知で等しくない場合も**ウェル**

チの検定とよばれる手法がある．しかし，分散が等しくない場合に母平均の差の検定を行うことが適切でない状況もある．たとえば，新薬の効果があるか否かを考える際，単に既存薬と新薬の平均だけを比較するのでなく，分散も考慮しなくてはならない．2 標本の仮説検定は実現値を計算して結果をみるだけでなく，箱ひげ図や区間推定による視覚的比較も同時に行い，総合的に判断するのがよい．このことをふまえ，次の例を説明する．

例 8.4 (母平均の差の検定 (母分散が未知の場合))　3 種類の薬 A, B, C が開発され，その効果を調べる実験研究が行われた．表は 10 人ずつに各薬を投与した後のある物質の増加量である．これら 3 種類の薬によって効果は異なるかを考える．それぞれの増加量は正規分布に従うものとみなす．次の表は，各薬の観測値と平均値，不偏分散，標準偏差，標準誤差を示した．また，仮説検定を行うまえに箱ひげ図と 90 ％信頼区間を描いた．

	薬 A	薬 B	薬 C
1	22.0	25.5	22.0
2	23.0	26.6	23.9
3	24.6	25.5	22.7
4	24.0	25.1	21.9
5	24.8	25.9	23.3
6	25.9	26.4	23.4
7	25.4	23.5	21.3
8	24.7	23.6	20.8
9	22.6	20.2	17.6
10	23.3	21.3	18.0
平　均	**24.03**	**24.36**	**21.49**
不偏分散	1.61	4.74	4.72
標準偏差	1.27	2.18	2.17
標準誤差	0.40	0.69	0.69

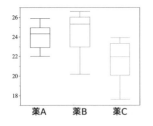
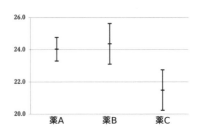

8.3　2 標本問題　　169

　　箱ひげ図と不偏分散の値から，薬 B と薬 C については分散が等しいと考えてよ
いようであるが，薬 A の分散は他より小さく，等しいという仮説は成り立たない.
90 ％信頼区間の重なりから薬 A と薬 B は有意な差があるとは考えられない. ま
た，薬 A と薬 C については明らかに差がある. 薬 B と薬 C についてのみ，有意
水準 10 ％で両側検定を行う. なお，自由度 18 の t 分布の上側 5 ％点の値は 1.734
である.
　　母平均の差の推定量 $\bar{d} = 2.87$，プールした分散 $s^2 = 2.17^2$，標準誤差 $= 0.973$
が計算でき，実現値 $T_{\mathrm{obs}} = 2.95$ となる. これらより帰無仮説は棄却され，薬 B
と薬 C は有意水準 10 ％で差があると判断できる.

8.3.3　母平均の差の検定 (対応がある場合)

　　前項までと異なり，対比較あるいは対応のある場合は，2 標本が独立ではな
い. 7.4.3 項の対応のある場合の区間推定では二人兄弟の身長の例を示したが，
ここでは，血圧の薬の処方前後に測った血圧値を考える. 同じ人の血圧値で
あるので，もともと高めに値がでる人もいれば，低めに値がでる人もいる. こ
れらの影響は除かなくてはならない. 同じ人の (処方前の値, 処方後の値) の
確率変数を (X_i, Y_i) としたとき，確率変数 $D_i = X_i - Y_i$ $(i = 1, 2, \cdots, n)$
となる. 以降は 1 標本問題と同じになる. 母分散 σ^2 の推定量として不偏分散
$S^2 = \{(D_1 - \bar{D})^2 + (D_2 - \bar{D})^2 + \cdots + (D_n - \bar{D})^2\}/(n-1)$ を用いると，帰
無仮説 $H_0: \delta = 0$ の下で検定統計量 $T = \sqrt{n}\bar{D}/S \sim t(n-1)$ となる. 有意水
準 100α ％のとき，T について次の棄却域が得られる.

　　両側検定　対立仮説 $H_1: \delta \neq 0$, 棄却域 $|T| \geq t_{\alpha/2}(n-1)$
　　片側検定　対立仮説 $H_1: \delta > 0$, 棄却域 $T \geq t_\alpha(n-1)$
　　　　　　　　　　　　$H_1: \delta < 0$, 棄却域 $T \leq -t_\alpha(n-1)$

ここで，$t_{\alpha/2}(n-1)$ および $t_\alpha(n-1)$ は，それぞれ自由度 $n-1$ の t 分布の上
側 $100\alpha/2$ ％点，100α ％点である. ここでは，薬を処方することで血圧が下が
ることを期待しているので，対立仮説は $H_1: \delta < 0$ を採用する.

例 8.5 (母平均の差の検定 (対応がある場合))　　例 7.7 のデータを利用して母平均
の差 δ の仮説検定を行う. ここでは，"夏休み後の成績が悪くなるであろう" とい
うことを予測し，有意水準 5 ％の片側検定を行う. つまり，

　　　　　　帰無仮説 $H_0: \delta = 0$,　　対立仮説 $H_1: \delta > 0$

となる. 例 7.7 のなかで必要な数値をあげる.

　　　　　推定量 $\bar{d} = 4.0$, 不偏分散 $s^2 = 5.56^2$, 標準誤差 $= 1.24$

また，$t_{0.05}(19) = 1.729$ である．実現値 $T_{\mathrm{obs}} = \sqrt{n}\bar{d}/s = 4.0/1.24 = 3.216 > 1.729$ となり，帰無仮説を棄却する．結果，夏休み後の成績が悪くなるという判断がなされる．P-値はほぼ 0.00 である．

8.3 節の重要事項

2 標本問題における仮説検定

○母平均の差の検定

サイズ m の標本 $X_1, X_2, \cdots, X_m$ が互いに独立に $N(\mu_1, \sigma_1^2)$ に従う．

サイズ n の標本 $Y_1, Y_2, \cdots, Y_n$ が互いに独立に $N(\mu_2, \sigma_2^2)$ に従う．

母平均の差 $\delta = \mu_1 - \mu_2$ の推定量 $\bar{D} = \bar{X} - \bar{Y}$

母平均の差 δ の両側検定　帰無仮説 $H_0 : \delta = 0$，対立仮説 $H_1 : \delta \neq 0$

片側検定　帰無仮説 $H_0 : \delta = 0$，対立仮説 $H_1 : \delta > 0$

$(H_1 : \delta < 0$ については略$)$

・母分散 σ_1^2 と σ_2^2 が既知のとき，$Z = \bar{D}/\sqrt{\frac{\sigma_1^2}{m} + \frac{\sigma_2^2}{n}}$ とおくと

両側検定　有意水準 5 ％のとき　棄却域 $|Z| \geq 1.96$

有意水準 1 ％のとき　棄却域 $|Z| \geq 2.58$

片側検定　有意水準 5 ％のとき　棄却域 $Z \geq 1.645$

有意水準 1 ％のとき　棄却域 $Z \geq 2.33$

・母分散 σ_1^2 と σ_2^2 が未知で等しいとき，$T = \bar{D}/\sqrt{\left(\frac{1}{m} + \frac{1}{n}\right) S^2}$ とおくと

両側検定　棄却域 $|T| \geq t_{\alpha/2}(m + n - 2)$

片側検定　棄却域 $T \geq t_\alpha(m + n - 2)$

・対応があるとき 1 標本問題になり，$T = \sqrt{n}\bar{D}/S$ とおくと

両側検定　棄却域 $|T| \geq t_{\alpha/2}(n - 1)$

片側検定　棄却域 $T \geq t_\alpha(n - 1)$

8.4　種々の検定

本節で取り上げる適合度検定，一様検定，独立検定は χ^2 分布を用いて検討する仮説検定の手法である．名前は異なるが，これらの考え方はほとんど変わらない．いずれも分割表を用いて，期待度数とよばれる理論値と，観測度数とよばれるデータから得られた度数値を比較し，帰無仮説を検定する．

8.4 種々の検定

8.4.1 適合度検定

日本の血液型は A 型，O 型，B 型，AB 型がおおよそ，4 : 3 : 2 : 1 で分布するといわれている．ある学校の学生 400 人について調査したところ，表 8.4.1 の 2 行目のような結果 (**観測度数**) であった．この学校の学生の血液型 A 型，O 型，B 型，AB 型の分布が 4 : 3 : 2 : 1 に分布しているかを検討する．このように理論的な分布を仮定し，観測度数がその分布にどの程度適合しているかを判断するのが**適合度検定**である．

表 8.4.1　血液型の分布

	A 型	O 型	B 型	AB 型	計
観測度数	150	128	92	30	400
期待度数	160	120	80	40	400

A 型，O 型，B 型，AB 型が 4 : 3 : 2 : 1 で分布しているなら，帰無仮説 H_0: $P_A = 0.4, P_O = 0.3, P_B = 0.2, P_{AB} = 0.1$，対立仮説 H_1 は "H_0 が成り立たない" であり，具体的に数値などを並べることはない．帰無仮説 H_0 の下で，**期待度数**は順に，$400 \times 0.4 = 160, 400 \times 0.3 = 120, 400 \times 0.2 = 80, 400 \times 0.1 = 40$ となる．これを表 8.4.1 の 3 行目に示す．この例では，観測度数と期待度数に大きな差がないようである．このことを有意水準 5 % の仮説検定を用いて検討する．

表 8.4.1 を一般的に示すと表 8.4.2 のようになる．ある属性 A に対して k 個のカテゴリに分類された $1 \times k$ クロス集計表 (分割表) に対する観測度数と期待度数である．

表 8.4.2　観測度数と期待度数

	A_1	A_2	$\cdots$	A_k	計
観測度数	O_1	O_2	$\cdots$	O_k	n
期待度数	E_1	E_2	$\cdots$	E_k	n

ここで，期待度数 E_i は，帰無仮説 H_0: $P(A_1) = p_1, P(A_2) = p_2, \cdots, P(A_k) = p_k$ $(p_1 + p_2 + \cdots + p_k = 1)$ の下で $E_i = np_i$ $(i = 1, 2, \cdots, n)$ となる．n が大きいとき，帰無仮説 H_0 の下で次の検定統計量 χ^2 は自由度 $k-1$ の χ^2 分布に近似的に従うことが知られている．合計が一定という制約のため，自由度はカテゴリの数 k より 1 つ小さくなることに注意されたい．

$$\chi^2 = \sum_{i=1}^{k} \frac{(O_i - E_i)^2}{E_i} \sim \chi^2(k-1)$$

172   8. 統計的推測 (検定)

この式からわかるように，帰無仮説が正しくない場合，検定統計量 χ^2 は大きな値をとる．

血液型の例では，帰無仮説 H_0 の下で χ^2 は自由度 3 の χ^2 分布に近似的に従う．$P(\chi^2 \geq 7.81) = 0.05$ より (付表 3)，有意水準 5 ％での棄却限界値は 7.81 である．表 8.4.1 より，χ^2 の実現値は

$$\frac{(150 - 160)^2}{160} + \frac{(128 - 120)^2}{120} + \frac{(92 - 80)^2}{80} + \frac{(30 - 40)^2}{40} = 5.5$$

となり，$5.5 < 7.81$ であるため，帰無仮説は棄却できない．つまり，この学校の学生の血液型の分布は A 型，O 型，B 型，AB 型が $4:3:2:1$ で分布していないとはいえない．また，$P(\chi^2 \geq 5.5) \fallingdotseq 0.14$ となり，P-値は 0.14 である．

8.4.2 一様性の検定

一様性の検定は適合度検定の一つとしてとらえてよい．正 6 面体のサイコロの場合，各目が出る確率が一様，つまり $1/6$ であることが仮定されている．このように k 個のカテゴリに対して，帰無仮説 $H_0: P(A_i) = 1/k$ とおく検定が**一様性の検定**である．これより期待度数は $E_i = n/k \ (i = 1, 2, \cdots, n)$ である．

前項の血液型の例で考える．もし，血液型に一様性を仮定すると，表 8.4.3 のように期待度数はすべて 100 になる．

表 8.4.3　血液型の分布 (一様性の検定)

	A 型	O 型	B 型	AB 型	計
観測度数	150	128	92	30	400
期待度数	100	100	100	100	400

このときの検定統計量の実現値は次のように計算できる．

$$\frac{(150 - 100)^2}{100} + \frac{(128 - 100)^2}{100} + \frac{(92 - 100)^2}{100} + \frac{(30 - 100)^2}{100} = 82.5$$

有意水準 5 ％で棄却限界値と比較すると $7.81 < 82.5$ と非常に大きな数値になり，帰無仮説を棄却する．つまり，この学校の学生の血液型の分布は一様分布ではないと判断できる．このときの P-値はほぼ 0.00 である．

8.4.3 独立性の検定

表 8.4.4 の左側の観測度数は，ある大学のアルバイト時間に関する調査である．低学年 (1～2 年生) と高学年 (3～4 年生) について，比較的長時間のアルバ

8.4 種々の検定

―――― 円周率 π の一様性 ――――

円周率 π が一様乱数[7]であるか否かという問題がある．乱数になるには，どこの区間をとっても出現が同程度でなければならない，昇順や降順もランダムに発生するなどさまざまな条件があるが，ここでは，数値の出現が一様であるという一様性の検定を有意水準 5 ％で行う．5 兆桁までの数値の出現回数は以下のとおりである．

0：4999 億 9897 万 6328 回　　1：4999 億 9996 万 6055 回
2：5000 億 0070 万 5108 回　　3：5000 億 0015 万 1332 回
4：5000 億 0026 万 8680 回　　5：4999 億 9949 万 4448 回
6：4999 億 9893 万 6471 回　　7：5000 億 0000 万 4756 回
8：5000 億 0121 万 8003 回　　9：5000 億 0027 万 8819 回

(出典：ウィキペディア https://ja.wikipedia.org/wiki/円周率)

上の回数から検定統計量の実現値は 9.18 と求められる．有意水準 5 ％のとき，自由度が 9 の棄却域は $\chi^2 > 16.92$ である．これらから，帰無仮説は棄却できない．つまり，円周率の数値の出現が一様でないとはいえないと判断できる．なお，P-値は 0.42 である．

イトをしている学生と短時間の学生に分けて 2 × 2 クロス集計表 (分割表) で示した．ここでの興味は，低学年と高学年のアルバイト時間が独立であるか否かということである．このような検定を **独立性の検定** という．

表 8.4.4　低学年と高学年のアルバイト時間

	観測度数			期待度数		
	長時間	短時間	計	長時間	短時間	計
1〜2 年生	196	74	270	208.4	61.6	270
3〜4 年生	244	56	300	231.6	68.4	300
計	440	130	570	440	130	570

低学年と高学年のアルバイト時間が独立であるという帰無仮説 H_0 の下で期待度数を求める．たとえば，独立であれば

$$P(1〜2 年生 \cap 長時間) = P(1〜2 年生) \times P(長時間)$$

が成り立つ．これから，$(270/570) \times (440/570) = 0.37$ と計算できる．度数に

---
[7]　0, 1, ⋯, 8, 9 の数値が何の規則性もなく同程度に出現すること．

換算すると $(270/570) \times (440/570) \times 570 = (270 \times 440)/570 = 208.4$ となる. その他の3つのセルも同様に計算すると, 表 8.4.4 の右側の期待度数が得られる.

ここまでについて, 2つの属性 A と B に対して r 行 c 列に分類した $r \times c$ クロス集計表 (分割表) を用いて整理する.

表 8.4.5 $r \times c$ クロス集計表

	B_1	B_2	$\cdots$	B_c	行和
A_1	O_{11}	O_{12}	$\cdots$	O_{1c}	$O_{1\cdot}$
A_2	O_{21}	O_{22}	$\cdots$	O_{2c}	$O_{2\cdot}$
$\vdots$	$\vdots$	$\vdots$	$\vdots$	$\vdots$	$\vdots$
A_r	O_{r1}	O_{r2}	$\cdots$	O_{rc}	$O_{r\cdot}$
列和	$O_{\cdot 1}$	$O_{\cdot 2}$	$\cdots$	$O_{\cdot c}$	$n = O_{\cdot\cdot}$

    帰無仮説 H_0: 属性 A と B は独立である

    対立仮説 H_1: 属性 A と B は独立でない

となる. 独立であれば

$$P(A_i \cap B_j) = P(A_i)P(B_j) \quad (i = 1, 2, \cdots, r; \ j = 1, 2, \cdots, c)$$

が成り立つので, 帰無仮説 H_0 の下で期待度数 $E_{ij} = O_{i\cdot} \times O_{\cdot j}/n$ と計算できる. 度数が大きいとき, 次の検定統計量 χ^2 は自由度 $(r-1) \times (c-1)$ の χ^2 分布に近似的に従う. 行和と列和が固定されていることから, 自由度は各カテゴリの数より1つ小さくなる.

$$\chi^2 = \sum_{i=1}^{r} \sum_{j=1}^{c} \frac{(O_{ij} - E_{ij})^2}{E_{ij}} \sim \chi^2((r-1) \times (c-1))$$

学生のアルバイトについて有意水準5％で独立性の検定を行う. 2×2クロス集計表であることから, 自由度 $= 1 = ((2-1) \times (2-1))$ で, $P(\chi^2 \geq 3.84) = 0.05$ より (付表3), 有意水準5％で棄却限界値は3.84である. 検定統計量 χ^2 の実現値を計算すると,

$$\frac{(196 - 208.4)^2}{208.4} + \frac{(74 - 61.6)^2}{61.6} + \frac{(244 - 231.6)^2}{231.6} + \frac{(56 - 68.4)^2}{68.4} = 6.17$$

となり, $3.84 < 6.17$ から帰無仮説 H_0 を棄却する. これより, 学年とアルバイト時間は独立ではないといえる. また, P-値は 0.013 である.

クロス集計表の自由度

クロス集計表での自由度は，箱の中に好きな非負の整数値 (≤ 合計) の穴埋めを考えるとよい．下の表を使って，自由に数値を入れてみる．いくつかのセルに数値を入れると，合計が決まっているので，その他のセルには決まった数値しか入らない．この表では 4 ヶ所 (表のマークのところなど) が決まると，他が決まってしまう．自由に入れることができる数値の数が自由度であり，(行の数 − 1) × (列の数 − 1) と覚えるとよい．

	子ども	成人	老人	計
ケーキ	▲			15
チョコ		◆	■	10
もなか		●		15
計	10	10	20	40

8.4 節の重要事項

○**適合度検定**　クロス集計表

	A_1	A_2	$\cdots$	A_k	計
観測度数	O_1	O_2	$\cdots$	O_k	n
期待度数	E_1	E_2	$\cdots$	E_k	n

に対して，次の検定統計量を用いる．
$$\chi^2 = \sum_{i=1}^{k} \frac{(O_i - E_i)^2}{E_i} \sim \chi^2(k-1)$$

○**一様検定**
期待度数が $E_i = n/k\ (i = 1, 2, \cdots, n)$ となる適合度検定

○**独立検定**　クロス集計表

	B_1	B_2	$\cdots$	B_c	行和
A_1	O_{11}	O_{12}	$\cdots$	O_{1c}	$O_{1\cdot}$
A_2	O_{21}	O_{22}	$\cdots$	O_{2c}	$O_{2\cdot}$
$\vdots$	$\vdots$	$\vdots$	$\vdots$	$\vdots$	$\vdots$
A_r	O_{r1}	O_{r2}	$\cdots$	O_{rc}	$O_{r\cdot}$
列和	$O_{\cdot 1}$	$O_{\cdot 2}$	$\cdots$	$O_{\cdot c}$	$n = O_{\cdot\cdot}$

に対して，期待度数を求め，次の検定統計量を用いる．
$$\chi^2 = \sum_{i=1}^{r} \sum_{j=1}^{c} \frac{(O_{ij} - E_{ij})^2}{E_{ij}} \sim \chi^2((r-1) \times (c-1))$$

兵士のデータの適合度検定

5.4 節で示した「プロシア陸軍で馬に蹴られて死亡する兵士数のデータ」を用いて，適合度検定について説明する．表1は20年間の14連 (280連隊) を調べたものである．クロス集計表を用いた適合度検定においては，各セルの期待度数は5以上が好ましいとされている．5より小さいと χ^2 分布の近似が悪くなるからである．そこで下の表のようにクロス集計表をつくり直す．

3以上を3人として，1連隊あたりの死亡平均数を求めると，0.69人である．ここで，

帰無仮説 H_0：このデータは $\lambda = 0.69$ のポアソン分布に従う

を有意水準5％で検討する．ポアソン分布の確率関数は，$f(x) = e^{-\lambda}\lambda^x/x!$ ($x = 0, 1, 2, \cdots$) である．$\lambda = 0.69$ であることから，3行目の確率と4行目の期待度数が導かれる．検定統計量 χ^2 の実現値を計算すると 2.06 になる．カテゴリは4つで自由度が3になりそうであるが，この例のように λ を表から推定した場合は自由度はもう1つ小さく2となる．つまり，有意水準5％で棄却限界値は 5.99 である．$2.06 < 5.99$ から帰無仮説は棄却できない，つまり，このデータは $\lambda = 0.69$ のポアソン分布に従わないとはいえないという結論になる．ここで，P-値は 0.36 である．

死亡者	0人	1人	2人	3人以上	計
連隊数	144	91	32	13	280
ポアソン分布	0.502	0.346	0.119	0.033	1.00
期待度数	140.4	96.9	33.4	9.2	280.0

8.5 発展的な話題

第8章の最後として，母比率の差の仮説検定について述べる．また，母比率の差の仮説検定が 2×2 クロス集計表 (分割表) における独立性の検定と同値であることを示す．

8.5.1 母比率の差の検定

2つの母比率 p_1 と p_2 の差の仮説検定について説明する．帰無仮説は H_0：$p_1 = p_2$ である．母比率の推定量はそれぞれ $\hat{p}_1 = X_1/n_1$ および $\hat{p}_2 = X_2/n_2$ である．

8.5 発展的な話題 177

・2つの母集団サイズが十分大きい (二項分布 $B(n_1, p_1)$ と $B(n_2, p_2)$ を用いることができる)

・試行回数 n_1 と n_2 が大きい (二項分布が正規分布で近似できる)

これらが成り立つとき, 近似的に $\hat{p}_1 \sim N(p_1, p_1(1-p_1)/n_1)$ となる. $\hat{p}_2$ も同様である. $\hat{p}_1$ と $\hat{p}_2$ の差は近似的に

$$\hat{p}_1 - \hat{p}_2 \sim N\left(p_1 - p_2, \frac{p_1(1-p_1)}{n_1} + \frac{p_2(1-p_2)}{n_2}\right)$$

となる. 1標本問題と同様に, 標準正規分布を用いて検定統計量を構成する. p_1 と p_2 は未知であるので, 分散を推定しなくてはならない. これには2通りある. 1つ目は推定量 $\hat{p}_1$ と $\hat{p}_2$ を代入する方法である.

$$Z = \frac{(\hat{p}_1 - \hat{p}_2) - (p_1 - p_2)}{\sqrt{\frac{\hat{p}_1(1-\hat{p}_1)}{n_1} + \frac{\hat{p}_2(1-\hat{p}_2)}{n_2}}}$$

2つ目は次のような p^* を用いる方法である.

$$Z^* = \frac{(\hat{p}_1 - \hat{p}_2) - (p_1 - p_2)}{\sqrt{p^*(1-p^*)\left(\frac{1}{n_1} + \frac{1}{n_2}\right)}}, \quad \text{ただし,} \quad p^* = \frac{X_1 + X_2}{n_1 + n_2}$$

帰無仮説の下では $p_1 = p_2$ であることから, 分子は $\hat{p}_1 - \hat{p}_2$ だけになる. 帰無仮説を $H_0: p_1 = p_2 + \delta$ と考えてもよく, その場合は分子を $\hat{p}_1 - \hat{p}_2 - \delta$ とすればよい. あとは, 8.3.1項と同じである.

8.5.2 2×2クロス集計表における母比率の差の検定

母比率の差の仮説検定 (両側検定) は2×2クロス集計表を用いた独立性の検定で表現ができる. たとえば, 属性 A を男女にし, 属性 B を賛成, 反対とする. 表8.5.1は観測度数を2×2クロス集計表で示したものである. 母比率 p_1 と p_2 をそれぞれ男女の賛成率とすると, 属性 A と B は独立であるという帰無仮説の下で, 理論的な期待度数は表8.5.2のようになる. ここで, $p^* = (X_1 + X_2)/(n_1 + n_2)$ である.

表 8.5.1　2 × 2 クロス集計表 (観測度数)

	賛　成	反　対	行和
男性	X_1	$n_1 - X_1$	n_1
女性	X_2	$n_2 - X_2$	n_2
列和	$X_1 + X_2$	$(n_1 + n_2) - (X_1 + X_2)$	$n_1 + n_2$

表 8.5.2 2×2 クロス集計表 (期待度数)

	賛 成	反 対	行和
男性	$n_1 p^*$	$n_1(1 - p^*)$	n_1
女性	$n_2 p^*$	$n_2(1 - p^*)$	n_2
列和	$X_1 + X_2$	$(n_1 + n_2) - (X_1 + X_2)$	$n_1 + n_2$

　式の変形は複雑であるが，表 8.5.2 を用いた検定統計量 χ^2 は前項の Z^* の 2 乗と同じである．表 8.5.2 を用いた検定統計量 χ^2 は，自由度 1 の χ^2 分布に近似的に従う．また，標準正規分布の 2 乗は自由度 1 の χ^2 分布である．これらのことから，母比率の差の両側検定と，2×2 クロス集計表における独立性の検定は同値であることがわかる．

演習問題 8

1. ある企業は週 40 時間労働を守っていると主張している．それに対して，従業員は 40 時間を超えて労働をしているとして異議を述べた．従業員 20 名を無作為に抽出し，ある 1 週間の労働時間を調査した．その結果が次の表である．このデータから，労働時間の平均 μ について，帰無仮説 $H_0 : \mu = 40$，対立仮説 $H_1 : \mu > 40$ とし，仮説検定 (片側検定) を有意水準 5 ％で行い，その結果について考察せよ．なお，労働時間は正規分布に従うと仮定する．

(単位：時間)

42	41	42	43	43	45	39	42	43	41
42	41	38	38	40	41	41	37	41	40

2. 7 章の章末問題 2 のデータ (病院の待ち時間) について，午前と午後の待ち時間の母平均 μ_A と μ_B の差 $\delta = \mu_A - \mu_B$ の帰無仮説を「午前の待ち時間と午後の待ち時間との差はない」とし，対立仮説を「待ち時間に差がある」という仮説検定 (両側検定) を有意水準 5 ％で行う．母分散が既知でともに 5^2 であることが知られている場合と，母分散は未知であるが等しいと仮定し，表から推定した場合に分けてそれぞれを考察せよ．

3. 7 章の章末問題 3 のデータ (映画鑑賞前後の最高血圧) について，映画を観る前と観た後の最高血圧の値の母平均を μ_A, μ_B とし，差 $\delta = \mu_A - \mu_B$ の帰無仮説 $H_0 : \delta = 0$，対立仮説 $H_1 : \delta > 0$ とし，仮説検定 (片側検定) を有意水準 5 ％で行う．結果について考察せよ．

4. 全国の 19〜22 歳の女性を対象とした「結婚後の就業に対する意識」調査によると，「結婚後も仕事を続けたい」が 42.3 ％，「どちらともいえない」が 20.5 ％，「結婚後は退職したい」が 37.2 ％であった．また同じ調査項目で，ある大学における 19〜22

8.5 発展的な話題 179

歳の女性を無作為に選び調査を行った結果，145 名の回答を得て，それぞれ順に 77 名，22 名，46 名であった．全国の結果の比率が調査した大学にもあてはまるか否かを検証する．

(1) 全国の結果の比率が調査した大学にもあてはまるか否かを検証するため，適合度検定を行う．このとき自由度を次のなかから選べ．

① 1　　② 2　　③ 3　　④ 4　　⑤ 5

(2) ある大学でも全国の結果の比率になるとした場合，今回の調査結果での「結婚後も仕事を続けたい」と回答する期待度数を次のなかから選べ．

① 77　　② 42.3　　③ 61.335　　④ 145　　⑤ 0.531

(3) 適合度検定を行った結果，検定統計量 χ^2 の実現値は 7.177 であった．適合度検定の解釈として，適切なものを次のなかから選べ．

① 5 ％でも 1 ％でも有意である．

② 5 ％では有意でないが，1 ％では有意である．

③ 5 ％では有意であるが，1 ％では有意でない．

④ 5 ％でも 1 ％でも有意でない．

5. 7 章の章末問題 4 のデータ (ウェブサイトのテスト) について，サイト A と B と成功率は独立であるという検定を有意水準 5 ％で行う．結果について考察せよ．

	成功回数	失敗回数	割合
現状サイト A	40	120	0.25
改善案サイト B	48	112	0.30

参 考 文 献

[1] ダレル・ハフ／高木秀玄訳 (1968)『統計でウソをつく法』講談社

[2] デイヴィッド・サルツブルグ／竹内惠行，熊谷悦生訳 (2010)『統計学を拓いた異才たち』日本経済新聞出版社

[3] 『なるほど統計学園高等部統計年表一覧』(総務省統計局)
　　　http://www.stat.go.jp/koukou/trivia/history.htm

[4] 阿部貴行 (2016)『欠測データの統計解析』朝倉書店

[5] 久保川達也，国友直人 (2016)『統計学』東京大学出版会

[6] 高岡 慎 (2015)『経済時系列と季節調整法』朝倉書店

[7] 田中豊他 (2015)『改訂版 日本統計学会公式認定 統計検定 2 級対応 統計学基礎』東京図書

[8] 岩崎 学，姫野哲人 (2017)『スタンダード 統計学基礎』培風館

[9] Francis Galton (1886) Anthropological Miscellanea: "Regression towards mediocrity in hereditary stature," *The Journal of the Anthropological Institute of Great Britain and Ireland*, 15: 246–263

[10] 東京大学教養学部統計学教室編集 (1991)『統計学入門 (基礎統計学 I)』東京大学出版会

[11] 芳賀敏郎 (2011)『医薬品開発のための統計解析第 1 部基礎』サイエンティスト社

演習問題の解答

第1章

1. ①は偶然の一致に関するものである．ランダムに集められた 35 名のなかに，同じ誕生日であるペアがいる確率は約 81 ％と計算できる．ただし，2 月 29 日は除き，どの日も同じ程度に生まれると仮定する．

②は第 3 の変数に関するものである．人口が多いと病人も多く，病院も多い．人口という第 3 の変数が関係している．このようなときは一人あたりの病人および病院の割合を比較する必要がある．

③は統計のウソに関するものである．統計グラフを正確に描く必要がある．

2. ①は一般に新聞社が行っている標本調査である．対象者は投票会場の出口にて系統抽出法により選ばれ，選挙の予測に用いられる．②は総務省が行っている標本調査である．基幹統計『社会生活基本統計』のための統計調査で，無作為に選定した約 8 万 8 千世帯の 10 歳以上の世帯員約 20 万人を対象としている．③は文部科学省が行っている標本調査である．基幹統計『学校保健統計』のための統計調査で，標本抽出の方法は，発育状態調査が層化二段無作為抽出法，健康状態調査が層化集落抽出法である．④は厚生労働省が行っている全数調査である．『人口動態統計』のための統計調査で，出生票，死亡票，死産票，婚姻票，離婚票がある．⑤は統計数理研究所が行っている標本調査である．層化多段無作為抽出法で数千人を抽出している．調査手法や統計手法の研究開発のためにも利用される．（※ 抽出方法については第 2 章を参照のこと．）

3. ①男女は質的変数 (2 値変数) である．②第○子は質的変数 (順序変数) である．③出生時の体重は量的変数 (連続変数) である．④生年月日は質的変数 (名義尺度) である．⑤在胎週数は量的変数である．離散変数とも連続変数とも考えられる．（※ 出生連絡票は母子健康手帳とともに渡される．出生届とは異なる届出である．）

4. 誤りは①と④である．国勢調査は，総務省が 5 年ごとに行う人と世帯についての全数調査である．その他は正しい．

第2章

1. 実験研究と調査・観察研究の違いは研究者が介入するか否かである．具体的には，目的となる処置がなされる実験群 (処置群)，比較のための対照群に調査対象者を無作為に分けることができているかということである．②と③は研究者の介入があり，実験研究である．①と④は研究者の介入がなく，調査・観察研究である．

181

2. (1) (ア) は区，町，世帯と順に抽出しているので，⑤多段抽出法である．(イ) は最終的に選ばれた組の構成員全体に調査するので，④クラスター (集落) 抽出法である．

(2) 母集団：東京 23 区の世帯，標本のサイズ：3000 である．

(3) 標本誤差は抽出方法のみに依存する偶然誤差のことで，統計的手法により評価ができる．非標本誤差は標本誤差以外の誤差すべてを示す．記入ミス，入力ミスや回答拒否なども非標本誤差である．

①は回答拒否であり，明らかな非標本誤差である．②は欠席がランダムであるなら非標本誤差にならない．いつも休む生徒の場合は何らかの理由があるかもしれないので非標本誤差になりうる．③は配布から回収までに相談することもできるので，非標本誤差になりうる．

第 3 章

1. (1)

階級間隔 (cm)	度数 (名)	相対度数	累積相対度数
160 以上　165 未満	2	0.077	0.077
165 以上　170 未満	1	0.038	0.115
170 以上　175 未満	5	0.192	0.308
175 以上　180 未満	8	0.308	0.615
180 以上　185 未満	7	0.269	0.885
185 以上　190 未満	3	0.115	1.000
合　計	26	1.000	

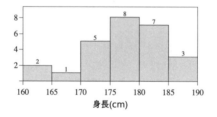

度数分布表とヒストグラムから二峰の分布としてとらえることができる．これは，バレーボール選手の役割のためと考えられる．実際，身長の低い 3 名はリベロの選手である．

(2)

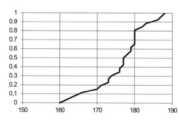

演習問題の解答

(3), (4) 身長と体重について，基本統計量 (平均，中央値，範囲，分散，標準偏差) と変動係数，第 1 四分位数と第 3 四分位数を次の表にまとめる．身長と体重の標準偏差は，値としてほぼ同じであるが，平均が大きく違うため，変動係数が大きく異なる．ここで用いた第 1 四分位数と第 3 四分位数は，小さい順に並べた前から 7 番目の値と後ろから 7 番目の値である．

	身 長	体 重
平　均	176.8	66.2
中央値	177.5	66.5
範　囲	26	25
分　散	40.7	45.2
標準偏差	6.4	6.7
変動係数	0.036	0.102
第 1 四分位数	173	61
第 3 四分位数	180	70

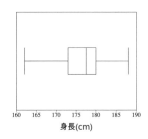

(5) 番号 7 の選手の身長と体重の標準化得点はそれぞれ，$(166 - 176.8)/6.4 = -1.69$ と $(53 - 66.2)/6.7 = -1.97$ (正確に計算した場合，-1.70 と -1.96) である．

2. (1) 図 A は誤った図，図 B は 1990 年を基準時点とした指数を示した図，図 C は表にある値を折れ線グラフで表した図である．時系列データをグラフ化する場合，横軸は時間の幅を正確に示さなくてはならない．図 A は 5 年間隔と 1 年間隔が同じであり誤った図である．指数を示したグラフは基準時点が 1 となることに注意する．

(2) 変化率は (現時点の値 − 前時点の値)/前時点の値 で定義される．国内郵便物取扱数と年賀状数の 2015 年から 2016 年にかけての変化率は，それぞれ $(17684 - 17981)/17981 = -0.017$，$(2237 - 2351)/2351 = -0.048$ となる．

(3) 表の 2 列目と 3 列目から国内郵便物取扱数と年賀状数は 2009 年以降減っていることがわかる．4 列目から 2010 年以降，年賀状の割合が減っていることから，その減り方は年賀状のほうが大きいことがわかる．

第 4 章

1. (1) ④ が正解である．散布図から正の相関があることがわかる．比較的明確な相関関係がみられるが，0.9 を超すような直線の関係ではない．5 つの数値のなかでは 0.75 が最も適切と思われる．実際の値は 0.76 である．

(2) 所与の数値から，回帰係数 $b = 32.45/6.4^2 \fallingdotseq 0.79$，$a = 66.2 - 0.79 \times 176.8 \fallingdotseq -73.5$ と求められ，$y = -73.5 + 0.79x$ となる (正確に計算した場合，$y = -74.66 + 0.796x$ となる)．求められた回帰直線の式の x に 166 を代入すると，$-73.5 + 0.79 \times 166 \fallingdotseq 57.6$ となる．実際の体重 53 kg より大きな値になる．

(3) $y = a + bx$ の場合，決定係数は相関係数の 2 乗になる．相関係数は $32.45/(6.4 \times 6.7) \fallingdotseq 0.76$ なので，決定係数は 0.57 となる．

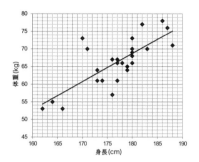

(4) ③が正解である．3名を除くと正の相関ではあるが，26名のときより相関が弱くなることがわかる．もとの相関係数が 0.75 であったのでそれより小さい．負にはならないので5つの数値のなかでは 0.55 が最も適切と思われる．実際の値は 0.53 である．

2. 相関係数の定義式は共分散を2変数の標準偏差で割ったものである．これを書きなおすと，$r_{xy} = \dfrac{s_{xy}}{s_x s_y} = \dfrac{1}{n}\sum_{i=1}^{n} \dfrac{(x_i - \bar{x})}{s_x} \dfrac{(y_i - \bar{y})}{s_y}$ となる．つまり，標準化した観測値の共分散と考えてよい．このことから，相関係数は一方の変数または両方の変数を正の定数倍，定数を加えても変化しない．これより，問題の変換のなかで，①，②，③の相関係数は r のままである．④は5段階評価に関して $6 - x$ という変換を考えているので，負の定数倍となり相関係数は $-r$ となる．⑤は一部の値を変更している．もとのデータのあり方によって相関係数の値は異なるので，大きくなるか否かはわからない．

以上から，①は間違い，②は正しい，③は間違い，④は間違い，⑤は間違いである．

3. ①相関係数は線形の関係を表すので，ほぼ 0 であっても2変数の間に非線形の関係があることがある．②相関係数で因果関係を示すことはできない．③相関係数の式から共分散の値が大きくても，標準偏差が大きいときは相関係数が大きいとは限らない．④相関係数を標準化して表すと相関係数は共分散と同じ値である (上の問

題を参照)．⑤外れ値があってもその場所により相関係数への影響が異なる．たとえば，右の図で○の外れ値は相関係数の値を大きくするが，●の外れ値は相関係数の値を小さくする．

以上から，①は間違い，②は間違い，③は間違い，④は正しい，⑤は間違いである．

第 5 章

1. (1) サイコロ A は 4 の目が 4 つ，0 の目が 2 つである．一方，B はすべて 3 の目である．A が 4 であれば B の目より大きいので，$4/6 = 2/3$ となる．

(2) A 駅行きの電車は B 駅行きの電車が出てから 15 分後に出る．つまり，T さんが一様に最寄駅に着いたなら，$45(分)/60(分) = 3/4$ が A 駅行きに乗る確率になる．

演習問題の解答 185

(3) ① 感染する確率が $1/10000$ なので，感染者が陽性と判断される確率は $0.99 \times 1/10000$，非感染者が陽性と判断される確率は $0.01 \times 9999/10000$ である．「陽性」と判断され本当に感染している確率は，$(0.99 \times 1/10000)/\{(0.99 \times 1/10000) + (0.01 \times 9999/10000)\} \fallingdotseq 0.0098$ となる．

② A さんは一度「陽性」と判断されたので，感染している確率は 0.0098 である．感染しているとき，再度，陽性と判断される確率は 0.99×0.0098，感染していないのに陽性と判断される確率は 0.01×0.9902 である．①と同様に計算すると，$(0.99 \times 0.0098)/\{(0.99 \times 0.0098) + (0.01 \times 0.9902)\} \fallingdotseq 0.495$ となる．さらに「陽性」と判断された A さんが再再検査し，またまた「陽性」と判断されたなら，本当に感染している確率は約 99 ％になる．

2. (1) $_5\mathrm{C}_3(1/3)^3(2/3)^2 = 10 \times 4/243 = 40/243$ となる．

(2) A さんで終了するには，①はじめの 3 回とも勝つ，②はじめの 3 回中 2 回勝ち，4 回目にも勝つ，③はじめの 4 回中 2 回勝ち，5 回目にも勝つ，という 3 種類がある．それぞれの確率は，$(1/3)^3 = 1/27$，$_3\mathrm{C}_2(1/3)^2(2/3) \times 1/3 = 6/81$，$_4\mathrm{C}_2(1/3)^2(2/3)^2 \times 1/3 = 24/243$ である．これらの合計は $17/81$ となる．

3. (1) 互いに関係のない 2 人の男性と 3 人の女性なので，互いに独立であると考えてよい．分散の加法性より，分散 $= 2 \times 10^2 + 3 \times 8^2 = 392 \fallingdotseq 19.8^2$ となる．文章の式は男性どうし，女性どうしが互いに関係し，相関係数が 1 の場合である．このようなときは，分散が独立のときより大きくなる．

(2) 男性 10 人の体重の合計 S は，平均 $= 600$ (kg)，分散は 10×10^2 の正規分布に従う．これより，

$$P(680 < S) = P((680 - 600)/\sqrt{1000} < Z) \fallingdotseq P(2.53 < Z) = 0.0057$$

となる．

4. $e^{-0.7} = 0.497$ なので，死亡者数が 0 人，1 人，2 人，3 人，4 人以上の発生確率は順に 0.497，0.348，0.122，0.028，$0.006 (= 1 - (0.497 + 0.348 + 0.122 + 0.028))$ である．それぞれに全体の 280 をかけると 139.0，97.3，34.1，7.9，1.6 となる．実際の値とあまり変わらないことがわかる．

第 6 章

1. (1) X が正規分布 $N(\mu, \sigma^2)$ に従うことから，和 $X_1 + X_2 + \cdots + X_n$ の分布は正規分布 $N(n\mu, n\sigma^2)$ に従う．これより，標本平均 $\bar{X}$ の標本分布は正規分布 $N(\mu, \sigma^2/n)$ である．

(2) (1) より確率変数 $\bar{X}$ は正規分布 $N(10, 0.5^2/12)$ に従う．これより，

$$P(9.8 \leq \bar{X} \leq 10.2) = P(-0.2/0.144 \leq Z \leq 0.2/0.144)$$

$$\fallingdotseq P(-1.39 \leq Z \leq 1.39) = 0.8354$$

となる．

(3) $T = \sqrt{n}(\bar{X} - \mu)/S$ の標本分布は自由度 $n-1$ の t 分布である.

2. (1) 母集団サイズが十分大きい (無限母集団とみなしてもよい) とき,確率変数 X は二項分布 $B(n, p)$ に従うと仮定してよい.二項分布の性質 $E[X] = np$, $V[X] = np(1-p)$ より,$E[\hat{p}] = E[X/n] = p$, $V[\hat{p}] = V[X/n] = V[X]/n^2 = p(1-p)/n$ となる.

(2) (1) より確率変数 $\hat{p}$ は正規分布 $N(0.4, 0.4 \times 0.6/625)$ で近似できる.これより,

$$P(\hat{p} \leq 225/625) = P(Z \leq (0.36 - 0.4)/0.0196) \fallingdotseq P(Z \leq -2.04) = 0.0207$$

となる.

3. 取り出され方は $(1,1,1)$, $(1,1,2)$, $\cdots$, $(3,3,2)$, $(3,3,3)$ の 27 通りである.それぞれの標本平均 $\bar{X}$ と標本中央値 M を次のような表にして考えるとよい.$E[\bar{X}] = 2$, $V[\bar{X}] = 6/27$ となり,$E[M] = 2$, $V[M] = 14/27$ となる.どちらも期待値は同じであるが,分散が異なる.標本平均のほうが標本中央値より有効であることがわかる.

	標本平均	標本中央値		標本平均	標本中央値
(1,1,1)	1	1	(2,2,3)	7/3	2
(1,1,2)	4/3	1	(2,3,1)	2	2
(1,1,3)	5/3	1	(2,3,2)	7/3	2
(1,2,1)	4/3	1	(2,3,3)	8/3	3
(1,2,2)	5/3	2	(3,1,1)	5/3	1
(1,2,3)	2	2	(3,1,2)	2	2
(1,3,1)	5/3	1	(3,1,3)	7/3	3
(1,3,2)	2	2	(3,2,1)	2	2
(1,3,3)	7/3	3	(3,2,2)	7/3	2
(2,1,1)	4/3	1	(3,2,3)	8/3	3
(2,1,2)	5/3	2	(3,3,1)	7/3	3
(2,1,3)	2	2	(3,3,2)	8/3	3
(2,2,1)	5/3	2	(3,3,3)	3	3
(2,2,2)	2	2			

第 7 章

1. (1) ③ が正解である.今回の調査ではある地区に住んでいる全世帯の図書館の利用意識を調査することを目的としている.母集団は「ある地区に住んでいる全世帯」である.回答は選ばれた各世帯で 1 つずつ世帯を代表として回答されるため,標本は「調査で選ばれた対象世帯」である.

(2) ① が正解である.地域世帯数は十分大きいので二項分布の近似を用いて,母分散の推定値は 0.66×0.34,標準誤差は $\sqrt{(0.66 \times 0.34)/478}$ となる.回答数が大きいので,95 % 信頼区間を求めるため正規分布近似ができ,標準正規分布表から 1.96 を得る.

2. (1) 午前と午後の待ち時間の標本平均は $\bar{x}_{\mathrm{A}} = 26.0$, $\bar{x}_{\mathrm{B}} = 21.0$,また,それぞれの不偏分散は $s_{\mathrm{A}}^2 = 5.19^2$, $s_{\mathrm{B}}^2 = 5.03^2$ である.

演習問題の解答　　　　　　　　　　　　　　　　　　　　　　　　　　　　　187

はじめに，分散が既知でともに 5^2 であるときの 95 ％信頼区間を求める．標準誤差はそれぞれ $5/\sqrt{12} \fallingdotseq 14$ と $5/\sqrt{10} \fallingdotseq 1.58$ である．これより，午前と午後の待ち時間の母平均 μ_A, μ_B との 95 ％信頼区間は標準正規分布表を用いて次のように計算できる．

$$26.0 - 1.96 \times 1.44 \le \mu_A \le 26.0 + 1.96 \times 1.44,$$

$$21.0 - 1.96 \times 1.58 \le \mu_B \le 21.0 + 1.96 \times 1.58.$$

つまり，95 ％信頼区間はそれぞれ $[23.2, 28.8]$ と $[17.9, 24.1]$ になる．

次に，分散が未知であるときの 95 ％信頼区間を求める．標準誤差はそれぞれ $5.19/\sqrt{12} \fallingdotseq 1.50$ と $5.03/\sqrt{10} \fallingdotseq 1.59$ である．また，自由度 11 の t 分布の上側 2.5 ％点は 2.201，自由度 9 では 2.262 である．これらから，

$$26.0 - 2.201 \times 1.50 \le \mu_A \le 26.0 + 2.201 \times 1.50,$$

$$21.0 - 2.262 \times 1.59 \le \mu_B \le 21.0 + 2.262 \times 1.59$$

となり，95 ％信頼区間はそれぞれ $[22.7, 29.3]$ と $[17.4, 24.6]$ が求まる．

(2) 差の推定量の値 $\bar{d} = \bar{x}_A - \bar{x}_B = 5.0$ である．また，母分散は等しいと仮定するので，プールした分散 $s^2 = 5.12^2$ となり，標準誤差 $= \sqrt{1/12 + 1/10} \times 5.12 = 2.19$ となる．自由度 $20\ (= 12+10-2)$ の t 分布の上側 2.5 ％点は 2.086 である．$2.086 \times 2.19 \fallingdotseq 4.57$ より，母平均の差の 95 ％信頼区間は $[0.43, 9.57]$ と求められる．

3. 必要となる値を準備する．母平均の差を δ とすると，その推定量の値 $\bar{d} = 14.0$ である．また，不偏分散 $s^2 = 11.7^2$ であり，標準誤差 $= 3.02$ となる．自由度 14 の t 分布の上側 5 ％点は 1.761 である．$1.761 \times 3.02 \fallingdotseq 5.32$ より，90 ％信頼区間は $[8.68, 19.32]$ と求められる．

4. ウェブサイト A と B の標準誤差を求めると，それぞれ 0.034 と 0.036 となる．観測数は十分に大きいと考えられるので，正規分布近似により，95 ％信頼区間は $0.25 \pm 1.96 \times 0.034$，ウェブサイト B については $0.30 \pm 1.96 \times 0.036$ となる．つまり，それぞれ $[0.183, 0.317]$ と $[0.229, 0.371]$ と近似できる．

第 8 章

1. 20 名のデータより，標本平均 $\bar{x} = 41.0$ (時間)，不偏分散 $s^2 = 1.95^2$ であり，標準誤差 $= 1.95/\sqrt{20} = 0.435$ となる．これらより実現値 $T_{obs} = (41 - 40)/0.435 = 2.30$ となる．自由度 19 の t 分布の上側 5 ％点は 1.729 である．$1.729 < 2.30$ より有意水準 5 ％で帰無仮説は棄却され，週労働時間は 40 時間を超えていると判断できる．P-値は 0.016 である．

2. 差の推定量の値 $\bar{d} = \bar{x}_A - \bar{x}_B = 5.0$ である．はじめに，分散が既知でともに 5^2 であるときについて考察する．標準誤差 $= \sqrt{1/12 + 1/10} \times 5 = 2.14$，実現値 $T_{obs} = 2.34$ となる．標準正規分布表の上側 2.5 ％点は 1.96 である．$1.96 < 2.34$ より有意水準 5 ％で帰無仮説は棄却され，午前と午後の待ち時間は差があると判断できる．

次に，分散が未知であるときについて考察する．プールした分散 $s^2 = 5.12^2$ となり，標準誤差 $= 2.19$ が計算できる．実現値 $T_{obs} = 2.28$ となる．自由度 20 $(= 12 + 10 - 2)$ の t 分布の上側 2.5 ％点は 2.086 である．$2.086 < 2.28$ より有意水準 5 ％で帰無仮説は棄却され，午前と午後の待ち時間は差があると判断できる．

3. 差の推定量の値 $\bar{d} = 14.0$，不偏分散 $s^2 = 11.7^2$，標準誤差 $= 3.02$，実現値 $T_{obs} = 4.63$ となる．自由度 14 の t 分布の上側 5 ％点は 1.761 である．$1.761 < 4.63$ より有意水準 5 ％で帰無仮説は棄却され，映画を観る前と観た後の最高血圧の値の母平均は差があると判断できる．7 章の章末問題 2 で導出された 90 ％信頼区間に 0 が含まれていないことからもわかる．P-値はほぼ 0.00 である．

4. (1) ②が正解である．3 つの項目があるので，自由度は $3 - 1 = 2$ である．

(2) ③が正解である．期待度数は $145 \times 0.423 = 61.335$ である．その他については，下の表を参照．

(3) ③が正解である．自由度 2 の χ^2 分布における上側 5 ％点は 5.99，1 ％点は 9.21 である．実現値 7.177 と比較すると，5 ％有意ではあるが 1 ％有意ではない．このように，有意水準によって判断が変わるので，調査のまえに決めることが重要である．

	仕事を続けたい	どちらともいえない	退職したい
全国（比率）	0.423	0.205	0.372
ある大学 (期待度数)	61.335	29.725	53.94
ある大学 (観測値)	77	22	46

5. ウェブサイト A と B の成功率が独立であるという帰無仮説 H_0 の下で期待度数を求めた (右側の表)．左のセルと右のセルの差はすべて 4 であることから，検定統計量 χ^2 の実現値は $2 \times (16/44 + 16/116) = 1.00$ である．また，自由度が 1 の棄却域は $\chi^2 > 3.84$ である．$1.00 < 3.84$ より有意水準 5 ％で帰無仮説を棄却することはできない．つまり，ウェブサイト A と B の成功率が独立でないとはいえない．この問題を比率の差の検定と考えても同様の結果になる．

	観測度数			期待度数		
	成功回数	失敗回数	計	長時間	短時間	計
現状サイト A	40	120	160	44	116	160
改善案サイト B	48	112	160	44	116	160
計	88	232	320	88	232	320

付表1. 標準正規分布の上側確率

$$Q(u) = 1 - \int_{-\infty}^{u} \exp\left(-\frac{z^2}{2}\right) dz$$

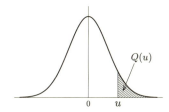

u	.00	.01	.02	.03	.04	.05	.06	.07	.08	.09
0.0	0.5000	0.4960	0.4920	0.4880	0.4840	0.4801	0.4761	0.4721	0.4681	0.4641
0.1	0.4602	0.4562	0.4522	0.4483	0.4443	0.4404	0.4364	0.4325	0.4286	0.4247
0.2	0.4207	0.4168	0.4129	0.4090	0.4052	0.4013	0.3974	0.3936	0.3897	0.3859
0.3	0.3821	0.3783	0.3745	0.3707	0.3669	0.3632	0.3594	0.3557	0.3520	0.3483
0.4	0.3446	0.3409	0.3372	0.3336	0.3300	0.3264	0.3228	0.3192	0.3156	0.3121
0.5	0.3085	0.3050	0.3015	0.2981	0.2946	0.2912	0.2877	0.2843	0.2810	0.2776
0.6	0.2743	0.2709	0.2676	0.2643	0.2611	0.2578	0.2546	0.2514	0.2483	0.2451
0.7	0.2420	0.2389	0.2358	0.2327	0.2296	0.2266	0.2236	0.2206	0.2177	0.2148
0.8	0.2119	0.2090	0.2061	0.2033	0.2005	0.1977	0.1949	0.1922	0.1894	0.1867
0.9	0.1841	0.1814	0.1788	0.1762	0.1736	0.1711	0.1685	0.1660	0.1635	0.1611
1.0	0.1587	0.1562	0.1539	0.1515	0.1492	0.1469	0.1446	0.1423	0.1401	0.1379
1.1	0.1357	0.1335	0.1314	0.1292	0.1271	0.1251	0.1230	0.1210	0.1190	0.1170
1.2	0.1151	0.1131	0.1112	0.1093	0.1075	0.1056	0.1038	0.1020	0.1003	0.0985
1.3	0.0968	0.0951	0.0934	0.0918	0.0901	0.0885	0.0869	0.0853	0.0838	0.0823
1.4	0.0808	0.0793	0.0778	0.0764	0.0749	0.0735	0.0721	0.0708	0.0694	0.0681
1.5	0.0668	0.0655	0.0643	0.0630	0.0618	0.0606	0.0594	0.0582	0.0571	0.0559
1.6	0.0548	0.0537	0.0526	0.0516	0.0505	0.0495	0.0485	0.0475	0.0465	0.0455
1.7	0.0446	0.0436	0.0427	0.0418	0.0409	0.0401	0.0392	0.0384	0.0375	0.0367
1.8	0.0359	0.0351	0.0344	0.0336	0.0329	0.0322	0.0314	0.0307	0.0301	0.0294
1.9	0.0287	0.0281	0.0274	0.0268	0.0262	0.0256	0.0250	0.0244	0.0239	0.0233
2.0	0.0228	0.0222	0.0217	0.0212	0.0207	0.0202	0.0197	0.0192	0.0188	0.0183
2.1	0.0179	0.0174	0.0170	0.0166	0.0162	0.0158	0.0154	0.0150	0.0146	0.0143
2.2	0.0139	0.0136	0.0132	0.0129	0.0125	0.0122	0.0119	0.0116	0.0113	0.0110
2.3	0.0107	0.0104	0.0102	0.0099	0.0096	0.0094	0.0091	0.0089	0.0087	0.0084
2.4	0.0082	0.0080	0.0078	0.0075	0.0073	0.0071	0.0069	0.0068	0.0066	0.0064
2.5	0.0062	0.0060	0.0059	0.0057	0.0055	0.0054	0.0052	0.0051	0.0049	0.0048
2.6	0.0047	0.0045	0.0044	0.0043	0.0041	0.0040	0.0039	0.0038	0.0037	0.0036
2.7	0.0035	0.0034	0.0033	0.0032	0.0031	0.0030	0.0029	0.0028	0.0027	0.0026
2.8	0.0026	0.0025	0.0024	0.0023	0.0023	0.0022	0.0021	0.0021	0.0020	0.0019
2.9	0.0019	0.0018	0.0018	0.0017	0.0016	0.0016	0.0015	0.0015	0.0014	0.0014
3.0	0.0013	0.0013	0.0013	0.0012	0.0012	0.0011	0.0011	0.0011	0.0010	0.0010
3.1	0.0010	0.0009	0.0009	0.0009	0.0008	0.0008	0.0008	0.0008	0.0007	0.0007
3.2	0.0007	0.0007	0.0006	0.0006	0.0006	0.0006	0.0006	0.0005	0.0005	0.0005
3.3	0.0005	0.0005	0.0005	0.0004	0.0004	0.0004	0.0004	0.0004	0.0004	0.0003
3.4	0.0003	0.0003	0.0003	0.0003	0.0003	0.0003	0.0003	0.0003	0.0003	0.0002
3.5	0.0002	0.0002	0.0002	0.0002	0.0002	0.0002	0.0002	0.0002	0.0002	0.0002
3.6	0.0002	0.0002	0.0001	0.0001	0.0001	0.0001	0.0001	0.0001	0.0001	0.0001
3.7	0.0001	0.0001	0.0001	0.0001	0.0001	0.0001	0.0001	0.0001	0.0001	0.0001
3.8	0.0001	0.0001	0.0001	0.0001	0.0001	0.0001	0.0001	0.0001	0.0001	0.0001
3.9	0.0000	0.0000	0.0000	0.0000	0.0000	0.0000	0.0000	0.0000	0.0000	0.0000

付表2. t 分布のパーセント点

自由度 ν と上側確率 α に対して $P(X > t_\alpha(\nu)) = \alpha$ を満たす $t_\alpha(\nu)$ の値

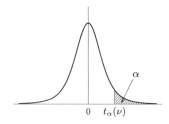

ν	α 0.10	0.05	0.025	0.01	0.005
1	3.078	6.314	12.706	31.821	63.656
2	1.886	2.920	4.303	6.965	9.925
3	1.638	2.353	3.182	4.541	5.841
4	1.533	2.132	2.776	3.747	4.604
5	1.476	2.015	2.571	3.365	4.032
6	1.440	1.943	2.447	3.143	3.707
7	1.415	1.895	2.365	2.998	3.499
8	1.397	1.860	2.306	2.896	3.355
9	1.383	1.833	2.262	2.821	3.250
10	1.372	1.812	2.228	2.764	3.169
11	1.363	1.796	2.201	2.718	3.106
12	1.356	1.782	2.179	2.681	3.055
13	1.350	1.771	2.160	2.650	3.012
14	1.345	1.761	2.145	2.624	2.977
15	1.341	1.753	2.131	2.602	2.947
16	1.337	1.746	2.120	2.583	2.921
17	1.333	1.740	2.110	2.567	2.898
18	1.330	1.734	2.101	2.552	2.878
19	1.328	1.729	2.093	2.539	2.861
20	1.325	1.725	2.086	2.528	2.845
21	1.323	1.721	2.080	2.518	2.831
22	1.321	1.717	2.074	2.508	2.819
23	1.319	1.714	2.069	2.500	2.807
24	1.318	1.711	2.064	2.492	2.797
25	1.316	1.708	2.060	2.485	2.787
26	1.315	1.706	2.056	2.479	2.779
27	1.314	1.703	2.052	2.473	2.771
28	1.313	1.701	2.048	2.467	2.763
29	1.311	1.699	2.045	2.462	2.756
30	1.310	1.697	2.042	2.457	2.750
40	1.303	1.684	2.021	2.423	2.704
60	1.296	1.671	2.000	2.390	2.660
120	1.289	1.658	1.980	2.358	2.617
240	1.285	1.651	1.970	2.342	2.596
∞	1.282	1.645	1.960	2.326	2.576

付　表　　　　　　　　　　　　　　　　　　　　　　　　　191

付表 3. χ^2 分布のパーセント点

自由度 ν と上側確率 α に対して $P(X > \chi^2_\alpha(\nu)) = \alpha$ を満たす $\chi^2_\alpha(\nu)$ の値

ν	α							
	0.99	0.975	0.95	0.90	0.10	0.05	0.025	0.01
1	0.00	0.00	0.00	0.02	2.71	3.84	5.02	6.63
2	0.02	0.05	0.10	0.21	4.61	5.99	7.38	9.21
3	0.11	0.22	0.35	0.58	6.25	7.81	9.35	11.34
4	0.30	0.48	0.71	1.06	7.78	9.49	11.14	13.28
5	0.55	0.83	1.15	1.61	9.24	11.07	12.83	15.09
6	0.87	1.24	1.64	2.20	10.64	12.59	14.45	16.81
7	1.24	1.69	2.17	2.83	12.02	14.07	16.01	18.48
8	1.65	2.18	2.73	3.49	13.36	15.51	17.53	20.09
9	2.09	2.70	3.33	4.17	14.68	16.92	19.02	21.67
10	2.56	3.25	3.94	4.87	15.99	18.31	20.48	23.21
11	3.05	3.82	4.57	5.58	17.28	19.68	21.92	24.72
12	3.57	4.40	5.23	6.30	18.55	21.03	23.34	26.22
13	4.11	5.01	5.89	7.04	19.81	22.36	24.74	27.69
14	4.66	5.63	6.57	7.79	21.06	23.68	26.12	29.14
15	5.23	6.26	7.26	8.55	22.31	25.00	27.49	30.58
16	5.81	6.91	7.96	9.31	23.54	26.30	28.85	32.00
17	6.41	7.56	8.67	10.09	24.77	27.59	30.19	33.41
18	7.01	8.23	9.39	10.86	25.99	28.87	31.53	34.81
19	7.63	8.91	10.12	11.65	27.20	30.14	32.85	36.19
20	8.26	9.59	10.85	12.44	28.41	31.41	34.17	37.57
25	11.52	13.12	14.61	16.47	34.38	37.65	40.65	44.31
30	14.95	16.79	18.49	20.60	40.26	43.77	46.98	50.89
35	18.51	20.57	22.47	24.80	46.06	49.80	53.20	57.34
40	22.16	24.43	26.51	29.05	51.81	55.76	59.34	63.69
50	29.71	32.36	34.76	37.69	63.17	67.50	71.42	76.15
60	37.48	40.48	43.19	46.46	74.40	79.08	83.30	88.38
70	45.44	48.76	51.74	55.33	85.53	90.53	95.02	100.43
80	53.54	57.15	60.39	64.28	96.58	101.88	106.63	112.33
90	61.75	65.65	69.13	73.29	107.57	113.15	118.14	124.12
100	70.06	74.22	77.93	82.36	118.50	124.34	129.56	135.81
120	86.92	91.57	95.70	100.62	140.23	146.57	152.21	158.95
140	104.03	109.14	113.66	119.03	161.83	168.61	174.65	181.84
160	121.35	126.87	131.76	137.55	183.31	190.52	196.92	204.53
180	138.82	144.74	149.97	156.15	204.70	212.30	219.04	227.06
200	156.43	162.73	168.28	174.84	226.02	233.99	241.06	249.45
240	191.99	198.98	205.14	212.39	268.47	277.14	284.80	293.89

付表 4. F 分布のパーセント点

自由度 (ν_1, ν_2) と上側確率 α に対して $P(X > F_\alpha(\nu_1, \nu_2)) = \alpha$ を満たす $F_\alpha(\nu_1, \nu_2)$ の値

$\alpha = 0.05$

ν_2 \ ν_1	1	2	3	4	5	6	7	8	9	10	15	20	40	60	120	∞
5	6.608	5.786	5.409	5.192	5.050	4.950	4.876	4.818	4.772	4.735	4.619	4.558	4.464	4.431	4.398	4.365
10	4.965	4.103	3.708	3.478	3.326	3.217	3.135	3.072	3.020	2.978	2.845	2.774	2.661	2.621	2.580	2.538
15	4.543	3.682	3.287	3.056	2.901	2.790	2.707	2.641	2.588	2.544	2.403	2.328	2.204	2.160	2.114	2.066
20	4.351	3.493	3.098	2.866	2.711	2.599	2.514	2.447	2.393	2.348	2.203	2.124	1.994	1.946	1.896	1.843
25	4.242	3.385	2.991	2.759	2.603	2.490	2.405	2.337	2.282	2.236	2.089	2.007	1.872	1.822	1.768	1.711
30	4.171	3.316	2.922	2.690	2.534	2.421	2.334	2.266	2.211	2.165	2.015	1.932	1.792	1.740	1.683	1.622
40	4.085	3.232	2.839	2.606	2.449	2.336	2.249	2.180	2.124	2.077	1.924	1.839	1.693	1.637	1.577	1.509
60	4.001	3.150	2.758	2.525	2.368	2.254	2.167	2.097	2.040	1.993	1.836	1.748	1.594	1.534	1.467	1.389
120	3.920	3.072	2.680	2.447	2.290	2.175	2.087	2.016	1.959	1.910	1.750	1.659	1.495	1.429	1.352	1.254

$\alpha = 0.025$

ν_2 \ ν_1	1	2	3	4	5	6	7	8	9	10	15	20	40	60	120	∞
5	10.007	8.434	7.764	7.388	7.146	6.978	6.853	6.757	6.681	6.619	6.428	6.329	6.175	6.123	6.069	6.015
10	6.937	5.456	4.826	4.468	4.236	4.072	3.950	3.855	3.779	3.717	3.522	3.419	3.255	3.198	3.140	3.080
15	6.200	4.765	4.153	3.804	3.576	3.415	3.293	3.199	3.123	3.060	2.862	2.756	2.585	2.524	2.461	2.395
20	5.871	4.461	3.859	3.515	3.289	3.128	3.007	2.913	2.837	2.774	2.573	2.464	2.287	2.223	2.156	2.085
25	5.686	4.291	3.694	3.353	3.129	2.969	2.848	2.753	2.677	2.613	2.411	2.300	2.118	2.052	1.981	1.906
30	5.568	4.182	3.589	3.250	3.026	2.867	2.746	2.651	2.575	2.511	2.307	2.195	2.009	1.940	1.866	1.787
40	5.424	4.051	3.463	3.126	2.904	2.744	2.624	2.529	2.452	2.388	2.182	2.068	1.875	1.803	1.724	1.637
60	5.286	3.925	3.343	3.008	2.786	2.627	2.507	2.412	2.334	2.270	2.061	1.944	1.744	1.667	1.581	1.482
120	5.152	3.805	3.227	2.894	2.674	2.515	2.395	2.299	2.222	2.157	1.945	1.825	1.614	1.530	1.433	1.310

索　引

数字・欧文

1 標本問題　159
2 × 2 クロス集計表　59
2 次元データ　59
2 値変数　13
2 変数データ　59
2 変量データ　59
5 数　48
5 数要約　48
68–95–99.7 ルール　47, 104
95 %信頼区間　135
A/B テスト　150
χ^2 分布　120
　　──の再生性　121
F 分布　126
P-値　156
PPDAC サイクル　11
t 分布　121
Z 値　50

あ　行

あてはまりのよさ　76
アンケート調査　7
位置の指標　39, 44
位置の尺度　39, 44
一様性の検定　172
一様分布　97, 110
一致推定量　130
一致性　130
ウエイト　42

上側 100α %点　121
上側確率　104
ウェルチの検定　168
後ろ向き研究　24
エフロンのサイコロ　95
円グラフ　32
横断研究　25
オッズ比　25, 61
帯グラフ　32
重み　42

か　行

回帰係数　73
回帰直線　73
回帰による平方和　77
回帰分析　73
階級　34
階級幅　34
カイ二乗分布　120
介入研究　18, 20
ガウス分布　103, 106
確率　90
　　──の公理　90
確率関数　96
確率収束　126
確率分布　97
確率変数　96
確率密度関数　96
家計調査　6
加重平均　43

仮説検定　151
片側検定　153
片対数グラフ　81
偏り　12, 19, 130
学校基本調査　6
カテゴリ　13
加法定理　91
間隔尺度　13
観測値　5, 31
観測度数　171
幾何平均　43
基幹統計調査　6
棄却域　154
棄却限界値　154
記述統計　7
記述統計量　7, 31
季節変動　16
擬相関　5, 70
期待値　98
　　——の加法性　100
期待度数　171
基本統計量　7, 31
行パーセント　60
共分散　66
局所管理　22
空事象　88
偶然誤差　19
偶然の一致　4
区間推定　134
矩形分布　110
クラス　34
クラスター (集落) 抽出法　28
繰り返し　21
クロス集計表　59
傾向変動　16
系統誤差　19
系統抽出法　27

ケースコントロール　24
欠測データ　12
決定係数　76, 77
研究デザイン　8, 11
検出力　157
検定　151
検定統計量　154
交絡因子　28
交絡バイアス　28
公理的確率　90
国勢調査　6
個人面談法　12
古典的確率　90
コホート　23
根元事象　88

さ 行

最小 2 乗法　74
最頻値　41
残差　74
残差平方和　74, 77
散布図　62
サンプル調査　5
時系列データ　15
試行　88, 101
事後確率　94
事象　88
市場調査　7
指数　52
指数分布　112
　　——の無記憶性　113
事前確率　94
実験群　20
実験計画法　21
実験研究　18, 20
実測値　74
質的データ　13, 32

索　引

質的変数　13
四半期データ　15
四分位範囲　48
社会調査　6
尺度　13
重回帰分析　78
周期変動　16
重相関係数　78
従属変数　73
集団法　12
自由度調整済み決定係数　78
十分位範囲　48
周辺度数　60
周辺度数分布　62
集落抽出法　28
主観的確率　90
受容域　154
準実験研究　23
順序尺度　13
順序変数　13
条件付き確率　92
消費者危険　159
消費者リスク　159
乗法定理　92
情報バイアス　28
処置群　20
真値　7
シンプソンのパラドックス　71
信頼係数　135
　——95 %の信頼区間　135
推測統計　7
推定誤差　74
推定値　74
推定量　117
数理モデル　73
数量化　13
正確度　26

正規分布　103
　——の再生性　104
正規方程式　74, 78
生産者危険　159
生産者リスク　159
精度　26
正の完全相関　67
正の相関　63
積事象　88
切片　73
説明変数　73
セル　60
線形の関係　72
全事象　88
全数調査　5
選択バイアス　28
尖度　56
層化　59
層化多段抽出法　27
層化無作為抽出　27
相関係数　67
相関表　62
相対度数　32
相対度数表　33
総パーセント　60
総平方和　77
層別　26, 59
　——した散布図　63

た　行

第 1 四分位数　48
第 2 四分位数　48
第 3 四分位数　48
第 1 種の過誤　156
第 2 種の過誤　157
第 3 の変数　5
対応のある場合　146

対照群　20
大数の弱法則　126
大数の法則　90
互いに素　88
互いに独立　92
互いに排反　88
多段抽出法　27
多値変数　13
多変数データ　59
多変量データ　59
ダミー変数　79
単回帰分析　78
単純平均　43
単純無作為抽出　6, 26
単盲検法　22
チェビシェフの不等式　124
中位数　40
中央値　40
柱状図　34
中心極限定理　119, 124
超幾何分布　107
長期変動　16
調査・観察研究　19, 23
調和平均　43
散らばり
　──の指標　39, 44
　──の尺度　39, 44
対のデータ　59
対比較　146
強い相関　65
定数項　73
適合度検定　171
データサイズ　31
データの大きさ　31
点推定　129
電話法　12
統計調査　6

統計的仮説検定　151
統計のウソ　4
統計法　6
統計量　14, 117
同様に確からしい　90, 107
とがり度　56
独立　99
独立試行　102
独立性の検定　173
独立変数　73
度数　14, 32
度数分布図　34
度数分布表　33
ドットプロット　32
ド・モアブル=ラプラスの定理　105
トリム合計　44
トリム平均　44

な　行

二項分布　102
　──の再生性　103
二重盲検法　22
抜取検査　108

は　行

バイアス　12, 19, 130
箱ひげ図　48
外れ値　40, 48, 71
パーセント表現　60
範囲　44
反復　21
ヒストグラム　34
被説明変数　73
非線形の関係　72
非標本誤差　20
標準化　104
標準化得点　50
標準誤差　132

索　引　197

標準正規分布　104
標準偏差　99
標本　5, 116
標本空間　88
標本誤差　20
標本調査　5
標本点　88
標本比率　130
標本分散　119, 130
標本分布　117
標本平均　7, 117
比例尺度　13
頻度確率　90
フィッシャーの3原則　20
不完全データ　12
不規則変動　16
負の完全相関　67
負の相関　63
不偏推定量　130
不偏性　130
不偏分散　45, 119
プールした分散　144
ブロック化　22
分割表　59
分散　45, 99
　——の加法性　100
分布関数　97
平均　39, 98
ベイズの定理　94
ベルヌーイ試行　102
ベルヌーイ分布　101, 102
偏回帰係数　78
変化率　53
偏差値　51
ベン図　90
変数　13
偏相関係数　70

変動係数　50
変量　13
ポアソン分布　109
　——の再生性　110
棒グラフ　32
捕獲再捕獲法　108
母集団　5, 116
母集団分布　116
母数　7, 116
母平均　7, 117

ま　行

前向き研究　23
見かけ上の相関　5, 70
幹葉図　35
無作為化　21
無作為割り付け　21
無相関　63
名義尺度　13
メジアン　40
目的変数　73
モード　41
問題解決の枠組み　11
問題設定　11
モンティ・ホール問題　93

や　行

有意水準　154
有限母集団修正　108
有効性　132
郵便法　12
ゆがみ度　55
要約統計量　7, 31
余事象　88
世論調査　7
弱い相関　65

ら 行

ランダム化　21
離散一様分布　97, 107
離散型確率分布　101
離散型確率変数　96
離散変数　13
両側検定　153
両対数グラフ　81
量的データ　13, 33
量的変数　13
累積相対度数　36
累積度数　36

累積分布関数　97
累積分布図　36
列パーセント　60
連続一様分布　97, 110
連続型確率分布　101
連続型確率変数　96
連続修正　105, 114
連続変数　13
ローレンツ曲線　37

わ

歪度　55
和事象　88

著者紹介

中 西 寛 子
なか にし ひろ こ

1988年　北海道大学大学院工学研究科情
　　　　報工学専攻博士後期課程修了
　　　　成蹊大学専任講師・助教授・教
　　　　授を経て
現　在　成蹊大学名誉教授
　　　　統計数理研究所特任教授
　　　　工学博士(北海道大学)
専　門：応用統計学，多変量解析

竹 内 光 悦
たけ うち あき のぶ

2001年　鹿児島大学大学院理工学研究科
　　　　生命物質システム専攻博士後期
　　　　課程修了
　　　　立教大学助手，実践女子大学専
　　　　任講師・准教授を経て
現　在　実践女子大学教授
　　　　博士(理学)(鹿児島大学)
専　門：統計科学
　　　　(統計教育，多変量解析)

中 山 厚 穂
なか やま あつ ほ

2006年　立教大学大学院社会学研究科博
　　　　士課程後期課程単位取得退学
　　　　立教大学助手・助教，長崎大学
　　　　准教授を経て
現　在　東京都立大学大学院准教授
　　　　博士(社会学)(立教大学)
専　門：統計科学
　　　　(多変量解析，行動計量学)

ⓒ　中西寛子・竹内光悦・中山厚穂　2018

2018年 4 月 20 日　　初　版　発　行
2025年 4 月 28 日　　初版第 3 刷発行

スタンダード
文科系の統計学

　　　　　　　　中 西 寛 子
　　著　者　竹 内 光 悦
　　　　　　　　中 山 厚 穂
　　発行者　山 本　　格

発 行 所　株式会社　培 風 館

東京都千代田区九段南 4-3-12・郵便番号 102-8260
電　話(03)3262-5256(代表)・振　替 00140-7-44725

平文社印刷・牧 製本

PRINTED IN JAPAN

ISBN 978-4-563-01019-5　C3033